中华人民共和国
防治船舶污染海洋环境管理条例
释义

国务院法制办、交通运输部组织编写

人民交通出版社
China Communications Press

图书在版编目（CIP）数据

中华人民共和国防治船舶污染海洋环境管理条例释义/国务院法制办,交通运输部组织编写.—北京：人民交通出版社，2010.5
ISBN 978-7-114-08396-9

Ⅰ.①中… Ⅱ.①国… ②.交… Ⅲ.①船舶-海洋污染-污染防治-条例-法律解释-中国 Ⅳ.①D922.685

中国版本图书馆 CIP 数据核字（2010）第 079213 号

书　　名：**中华人民共和国防治船舶污染海洋环境管理条例释义**
著 作 者：国务院法制办　交通运输部
责任编辑：钱悦良
出版发行：人民交通出版社
地　　址：(100011) 北京市朝阳区安定门外外馆斜街 3 号
网　　址：http://www.chinasybook.com
销售电话：(010) 64981400，59757915
总 经 销：北京交实文化发展有限公司
印　　刷：北京鑫正大印刷有限公司
开　　本：850×1168　1/32
印　　张：7.125
字　　数：189 千
版　　次：2010 年 5 月 第 1 版
印　　次：2010 年 5 月 第 1 次印刷
书　　号：ISBN 978-7-114-08396-9
印　　数：0001 – 3000 册
定　　价：30.00 元

《中华人民共和国防治船舶污染海洋环境管理条例释义》编写委员会名单

顾　　问：张　穹（国务院法制办副主任）
　　　　　高宏峰（交通运输部副部长）
　　　　　徐祖远（交通运输部副部长）
主　　编：赵晓光（国务院法制办工交司司长）
　　　　　刘功臣（交通运输部安全总监）
　　　　　何建中（交通运输部政法司司长）
　　　　　陈爱平（交通运输部海事局常务副局长）
副 主 编：马森述（国务院法制办工交司副司长）
　　　　　朱伽林（交通运输部政法司副司长）
　　　　　曹德胜（交通运输部海事局副局长）
　　　　　智广路（交通运输部海事局副局长）
执行主编：郭启文（国务院法制办工交司副巡视员）
　　　　　魏　东（交通运输部政法司处长）
　　　　　郑　平（交通运输部海事局处长）
　　　　　鄂海亮（交通运输部海事局处长）
　　　　　陈伯卫（上海海事局处长）

前　言

国务院于1983年12月29日颁布了《中华人民共和国防止船舶污染海域管理条例》(以下简称83年《条例》)。83年《条例》施行至今已有20余年,对加强船舶管理,保护海洋环境,促进海洋事业的发展起到了积极的作用,尤其在控制船舶排放污染物方面取得了明显的成效。随着我国改革开放不断深入,航运事业得到快速发展,海上船舶运输及有关作业活动明显增加,船舶运输趋向大型化、专业化,船舶污染源趋于多样性,给海洋环境保护工作带来了新的压力。特别是近年来,为了应对国际海运业快速发展对海洋环境带来的威胁,国际海事组织制定出台了一系列加强防治船舶污染海洋环境的国际公约。我国作为国际海事组织的A类理事国,积极推动并加入了《国际防止船舶造成污染公约》、《国际油污损害民事责任公约》、《国际油污防备、反应和合作公约》等多个防治船舶污染海洋环境的国际公约。与此同时,全国人大常委会也根据我国保护海洋环境的实际需要和我国缔结或者加入的国际条约的要求,对1983年出台的《中华人民共和国海洋环境保护法》(以下简称海洋环境保护法)进行了修订,增加了国家建立船舶油污保险和油污损害赔偿基金的制度,以及对船舶及其有关作业活动进行监管等内容。因此,作为海洋环境保护法的配套条例,83年《条例》所规定的制度、管理内容、要求、手段、措施、力度等方面均已经不能适应当今航运业以及海上环保新形势的变化,落后于国内有关法律、行政法规和我国缔结或者加入的国际条约的发展,滞后于实际管理的需要。为了进一步做好防治船舶及其有关作业活动污染海洋环境工作,加强生态环境保护,建设环境友好型社会,符合修订后的海洋环境保护法以及我国缔结或者加入的国际条约的要求,在总结防治船舶及其有关作业活动污染海洋环境的实践经验基础上,对83年《条例》进行了全面修订。

83年《条例》的修订工作主要遵循三个原则:一是预防为主、防治结合的原则;二是在继承中发展创新的原则;三是既要有前瞻性,又不能阻碍生产力发展的原则。经广泛调研和征求意见,以及多次召开专家讨论会,数易其稿,最终形成了《中华人民共和国防治船舶污染海洋环境管理条例(修订送审稿)》,于2009年9月2日经国务院第79次常务会议审议通过,并以国务院592号令发布。修订后的《中华人民共和国防治船舶污染海洋环境管理条例》(以下简称《条例》)于2010年3月1日正式实施。

《条例》总共九章七十八条。第一章总则,是关于条例的适用范围、实施主体、防治污染的管理原则和管理体制的规定;第二章是关于防治船舶及其有关作业活动污染海洋环境的一般规定;第三章是关于船舶污染物的排放和接收规定;第四章是关于船舶有关作业活动的污染防治的规定;第五章是关于船舶污染事故应急处置的规定;第六章是关于船舶污染事故调查处理的规定;第七章是关于船舶污染事故损害赔偿的规定;第八章法律责任,是关于相应的处罚制度的规定;第九章附则,是关于条例在管辖范围上的一些补充规定。

《条例》作为海洋环境保护法的配套条例,本着从防治船舶污染海洋环境管理工作的实际情况出发,以"防、治、赔"为主线进一步确立了"预防为主、防治结合"的管理理念,制定了一系列符合我国国情、具有中国特点的管理制度:如安全营运和防治船舶污染管理体系审核制度、有关作业活动专业知识和技能培训制度、防污应急设备专项验收制度、污染危害性货物进出港许可制度、污染危害性不明货物评估制度、开箱查验制度、污染清除作业协议制度、船舶污染事故应急反应制度、船舶污染事故调查处理制度和船舶油污保险与损害赔偿制度等。这些制度的建立，对保障水上交通安全和保护海域环境，促进我国水上运输发展乃至推动社会经济的健康发展，将发挥重要作用。

《条例》的颁布实施是落实科学发展观的具体体现，是为保护海洋环境的具体行动，也是实现建设资源节约型和环境友好型社会的客观要求。为了帮助社会各界和海事系统的执法人员学习好、贯彻好、实施好《条例》，深刻领会《条例》的立法精神，国务院法制办和交通运输部组织编写了《条例》的释义。该书的编写人员直接参加了《条例》的起草和审查工作，对《条例》的基本精神、基本规定和社会各界的实际需要都有比较深刻的了解。我们相信该书的出版，会对各级交通行政主管部门、海事管理机构、航运企业、船舶相关作业单位、石油企业、保险机构以及其他社会各界学习、领会、运用《条例》很有益处。

目　　录

第一章 总　　则

【本章提要】 本章共有9条,包括本条例的立法目的、立法依据、适用范围、基本原则、实施主体和职责、应急能力建设规划、应急反应机制、应急预案、监测监视机制以及报告、举报等规定。

第一条 为防治船舶及其有关作业活动污染海洋环境,根据《中华人民共和国海洋环境保护法》,制定本条例。

【释义】 本条是关于条例立法目的和立法依据的规定。

一、本条例的立法目的是防治船舶及其有关作业活动污染海洋环境

海洋是人类赖以生存和发展的重要物质基础和客观环境,人类正在把生产和生活空间逐步向海洋拓展。海洋资源的开发利用对于社会经济的持续健康发展起着关键的作用,是人类解决人口、资源、环境等诸多重大危机的主要出路,已成为人类社会可持续发展的重要因素。开发利用海洋资源,需要良好的海洋环境,海洋环境的好坏是实现海洋经济可持续发展的重要保障。

我国是海洋大国,拥有包括内海、领海和专属经济区、大陆架管辖海域在内的总面积达473万平方公里的辽阔海域。我国也是航运大国,对外贸易的90%是通过海运完成的。随着我国改革开放的不断深入和经济的持续稳定发展,我国海域内的船舶运量大幅度增长,特别是石油、天然气、化学危险品等货物运输量增长迅猛,与此同时,船舶运输也趋向大型化、专业化,船舶相关作业活动更加频繁。自1993年我国成为石油纯进口国以来,石油进口量不

断攀升,我国已经成为世界第二大石油消费国,大部分进口石油都通过海上运输进入我国,船舶运输密度增加,加剧了海域通航环境的复杂性,而船舶大型化的发展趋势,也使船舶发生溢油污染事故的风险不断增加。1978 ~1987 年 10 年间,我国沿海共发生 386 起船舶溢油事故,平均每年发生事故 35 起;1988 ~1997 年 10 年间,我国沿海共发生了 1856 起船舶溢油事故,平均每年发生事故 186 起,相当于每两天发生一起,其中溢油 50 吨以上的重大事故 74 起,溢油量达 3.7 万吨;1998 ~2008 年 10 年间,我国沿海共发生了 718 起船舶溢油事故,溢油总量达 11749 吨,平均每年发生事故 71.8 起,相当于每周发生 1.38 起,其中溢油 50 吨以上的重大事故 34 起,溢油量达 10327 吨。每起船舶溢油事故都给周边海域的生态环境造成了严重损害。如,1999 年 3 月 24 日,“闽燃供 2”号油轮与“东海 209”号油轮在珠江口北域相撞,“闽燃供 2”号溢出重油 589.7 吨,使珠海这座美丽的城市遭受惨重的损失,著名的风景区情侣路、珠海渔女雕像都沾满油污,同时污油随风浪漂移扩散至珠海的金星门、淇澳岛、唐家湾等水域,乌黑的油带延绵 300 多平方公里,致使 1.4 万公顷水产养殖场受到污染损害,35 公顷红树林面临死亡,经济损失达 4000 多万元。又如,2006 年 4 月 22 日,“现代独立”轮于舟山永跃船厂在进坞过程中与船坞发生触碰,造成左舷破损,并导致第三燃油舱 477 吨重油溢出,造成周围海域严重污染,经济损失数千万元。迄今为止,虽然我国从未发生过万吨以上的特大船舶溢油事故,但特大溢油事故险情不断,如 2001 年装载 26 万吨原油的“沙米敦”轮进青岛港时船底发生裂纹;2002 年在台湾海峡装载 24 万吨原油的“俄尔普斯 · 亚洲”轮因主机故障遭遇台风遇险;2004 年在福建湄洲湾两艘装载原油 12 万吨的“海角”轮和“骏马输送者”轮发生碰撞;2005 年装载 12 万吨原油的“阿提哥”轮在大连港附近触礁搁浅。这些案例反映出了船舶污染事故的高风险,一旦对海洋环境造成的污染损害令人触目惊心。

当前，在我国经济和能源消耗持续增长的情况下，环境保护面临的压力越来越大，包括海洋环境在内的环境问题是中国未来发展所面临的最具挑战性的问题之一。我国已经明确将建设"资源节约型、环境友好型社会"确定为国民经济与社会发展中长期规划的一项战略任务，这既是全面落实科学发展观，加快构建社会主义和谐社会，促进人与自然和谐发展的重要指标，也是建设生态文明的重要内容。海洋环境保护工作的加强和深化，已成为海洋事业的重要组成部分和不可或缺的内容，且已逐步成为决定国家经济实力、发展潜力、生态安全乃至主权利益的重要因素之一。因此，在我国大力开展防治船舶及其有关作业活动造成海洋环境污染工作，是十分必要和迫切的。

二、本条例的立法依据是《中华人民共和国海洋环境保护法》

我国早在20世纪70年代就开展了海洋环境保护工作，并于1982年8月23日第五届全国人大委员会第24次会议通过了海洋环境保护的综合性法律——《中华人民共和国海洋环境保护法》，该法于1983年3月1日起施行，这也标志着我国海洋环境保护工作开始步入法治的轨道。该法是调整人们在利用海洋环境、保护海洋环境的活动中所发生的社会关系的法律规范，是进行海洋环境保护的基本依据。该法的出台在促进沿海经济建设，推进海洋环境保护事业的发展方面起到了积极作用。但由于该法制定时正值改革开放初期，当时对海洋环境保护的认识有着一定的局限性，随着我国改革开放的不断深入，沿海经济的快速发展，以及保护海洋环境工作的实践和发展，该法的不适应性也逐渐暴露。特别是随着我国相继批准加入了《联合国海洋法公约》、《1990年国际油污防备、反应和合作公约》（OPRC90）、《1992年国际油污损害民事责任公约》（CLC92）等国际海洋环境保护公约和议定书，我国在国际海洋环境保护事务中的权利和义务发生了变化。1999 年 12 月 25 日第九届全国人大常委会第 13 次会议通过了经修订的《中华人民共和国海洋环境保护法》。经修订的《中华人民共和国海洋环境保护法》在防治船舶污染方面建立了一些新的法律制度，如应急计划的编制、应急能力的建设、油污损害赔偿机制等，并将防治船舶污染海洋环境的范围扩大到与船舶有关的作业活动。但是，作为《中华人民共和国海洋环境保护法》的配套法规，制定于 1983 年的《中华人民共和国防止船舶污染海域管理条例》（以下简称 83 年《条例》）所规定的管理制度、要求、措施、手段等方面均已经不能适应当今航运业以及海洋环境保护新形势的变化，滞后于国内有关法律、行政法规和我国缔结或者加入的有关国际条约的发展，不能满足实际管理工作的需要。为了进一步做好防治船舶及其有关作业活动污染海洋环境工作，加强生态保护，建设“两型”社会，有必要根据修订后的《中华人民共和国海洋环境保护法》，并结合我国缔结或者加入的国际条约的要求，在总结防治船舶及其有关作业活动污染海洋环境的实践经验基础上，对 83 年《条例》进行全面修订。

第二条　防治船舶及其有关作业活动污染中华人民共和国管辖海域适用本条例。

【释义】　本条是关于条例适用范围的规定。本条规定了条例适用范围，具体包括条例的适用对象、适用的法律关系和适用的空间范围三方面内容。

一、本条例的适用对象

根据本条的规定，本条例的适用对象是船舶和与船舶及其有关作业活动相关联的任何组织、个人。

本条例没有对船舶进行明确定义，但不同的国际公约和法律，因其调整的法律关系不同，对船舶的定义也不尽相同。国际公约中，如《1973 年国际防止船舶造成污染公约 1978 年议定书》（MARPOL 73/78）第二条规定："船舶"系指在海洋环境中运行的任何类型的船舶，包括水翼船、气垫船、潜水船、浮动船艇和固定的或浮动的工作平台；《1990 年国际海上油污防备、响应和合作公约》第二条规定："船舶"系指在海洋环境中营运的任何类型的船舶，包括水翼船、气垫船、潜水器和任何类型的浮动艇筏；《1992 年国际油污损害民事责任公约》规定："船舶"是指实际装运散装货油而建造或改建的任何的海船和海上运输工具。国内法律中，《中华人民共和国海商法》第三条采取列举和概括的方式规定："船舶"是指海船和其他海上移动式装置；《中华人民共和国船舶登记条例》中规定："船舶"系指各类机动、非机动船舶以及其他水上移动装置，但是船舶上装备的救生艇筏和长度小于 5 米的艇筏除外；《中华人民共和国海上交通安全法》第五十条采取列举的方式规定："船舶"是指各类排水或非排水船、筏、水上飞机、潜水器和移动式平台。根据有关法律、行政法规和国际条约的规定，在确定本条例适用的船舶时，可以考虑以下要素：

一是必须是移动装置。包括排水或者非排水的，机动的或者非机动的；包括钢质、木质及其他材料制成的作为水上交通工具的移动装置，以及用竹、木、羊皮、牛皮或者其他材料排编扎成的水上浮运工具。

二是必须以航行为主要目的。这里所说的航行，应作广义理解，包括水面浮移、水面飞行、水中潜移，还包括自航或者非自航等。

三是必须是在海上航行。船舶的航行区域必须是海上，如果在内河航行，不属于本条例所称的"船舶"。

此外，根据本条例第七十五条的规定，如果在我国缔结或者参加的国际条约中对船舶作出了定义，则在适用该国际条约时，应当遵守该国际条约对于船舶的定义。

与船舶及其有关作业活动相关联的任何组织、个人，主要包括：政府及其有关部门、海事管理机构；船舶所有人、经营人、管理人；港口经营人、污染物接收单位、污染清除单位等从事船舶有关作业活动的单位；船员；船舶载运污染危害性货物的货主、申报人员、装卸人员、污染清除人员等从事船舶有关作业活动的人员；以及任何发现船舶及其有关作业活动造成或者可能造成海洋环境污染的单位和个人。

二、本条例适用的法律关系

本条例适用的法律关系是船舶及其有关作业活动与防治船舶及其有关作业活动污染海洋环境管理工作之间的关系。船舶及其有关作业活动，既包括船舶本身的活动，也包括船舶有关作业活动。船舶本身的活动，包括船舶因航行、勘探、开发、生产、旅游、科研、竞技等方面的需要而进行的各种活动；“船舶有关作业活动”是指与船舶相关联的作业活动，包括船舶货物装卸、过驳、污染物接收和处理、清舱、洗舱、油料供受及检测、修造、打捞、拆解、污染危害性货物集装箱装箱、充罐以及利用船舶进行水上水下施工等作业活动。

三、本条例适用的空间范围

本条例适用的空间范围为中华人民共和国管辖海域。

对于中华人民共和国管辖海域的界定，应当与本条例的上位法《中华人民共和国海洋环境保护法》保持一致。依据《中华人民共和国海洋环境保护法》第二条的规定，本条例所称中华人民共和国管辖海域，包括中华人民共和国内水、领海、毗连区、专属经济区、大陆架以及中华人民共和国管辖的其他海域。其中“内水”依据《中华人民共和国海洋环境保护法》第九十五条的规定，是指我国领海基线向内陆一侧的所有海域，是构成国家领水的组成部分。“领海”、“毗连区”在《中华人民共和国领海及毗邻区法》中作出了规定，即：中华人民共和国领海为邻接中华人民共和国陆地领土和内水的一带海域，我国领海宽度为12海里，领海是国家领土的组成部分，国家在领海内享有的权利，除外国船舶享有无害通过主权外，与内水相同，我国对领海的主权及于领海上空、海床及底土。中华人民共和国毗连区为领海以外邻接领海的一带海域，毗连区的宽度为12海里，中华人民共和国有权在毗连区内，为防止和惩处在其陆地领土、内水或者领海内违反有关安全、海关、财政、卫生或者出入境管理的法律、法规的行为行使管制权。“专属经济区”、“大陆架”在《中华人民共和国专属经济区和大陆架法》中作出了规定，即：中华人民共和国的专属经济区为中华人民共和国领海以外并邻接领海的区域，从测算领海宽度的基线量起延至200海里；中华人民共和国的大陆架为中华人民共和国领海以外依本国陆地领土的全部自然延伸，扩展到大陆边外缘的海底区域的海床和底土；如果从测算领海宽度的基线量起至大陆边外缘的距离不足200海里，则扩展至200海里。我国在专属经济区和大陆架享有主权性权利，有权保护和保全专属经济区和大陆架的海洋环境及其资源。

同时，在中华人民共和国管辖海域以外，造成中华人民共和国管辖海域污染的，也适用本条例。这也符合《中华人民共和国海洋环境保护法》第二条第三款的规定：在中华人民共和国管辖海域以外，造成中华人民共和国管辖海域污染的，也适用本法。由于海洋是一个流动的整体，船舶及其有关作业活动排放到某一海域的污染物会随着海水运动扩散影响到另一个海域。在我国管辖海域范围外排放污染物，也有可能对我国海洋环境造成污染损害，侵犯我国的主权。为了维护我国的海洋权益和国家主权，我国的法律、法规有必要规定域外权利，这与《联合国海洋法公约》、《1969

年国际干预公海油污事故公约》及《1973 年干预公海非油类物质污染议定书》的相关规定也是一致的。《联合国海洋法公约》中“海洋环境的保护和保全”部分中规定:“各国应采取一切必要措施,确保其管辖或控制下的活动的进行不致使其他国家及其环境遭受污染的损害,并确保在其管辖或者控制范围内的事件或活动所造成的污染不致扩大到其他按照本公约行使主权权力的区域之外。”

第三条　防治船舶及其有关作业活动污染海洋环境,实行预防为主、防治结合的原则。

【释义】　本条是关于防治船舶及其有关作业活动污染海洋环境基本原则的规定。

“预防为主、防治结合”的原则既是我国环境保护工作的一项基本原则,也是我国船舶污染防治工作长期经验的总结,同时,该原则也是国际海洋环境保护条约的基本原则,被国际社会广泛接受。胡锦涛总书记多次强调:“隐患险于明火,防范胜于救灾,责任重于泰山”,“任何生产经营单位都要努力提高经济效益,但是必须服从安全第一、预防为主、防治结合的原则”。可见,预防为主、防治结合是党和政府对防治船舶污染工作的基本要求,是各级人民政府及其有关部门实施船舶防污染监管的重要内容,也是生产经营单位开展生产经营活动的第一要素。该原则明确了预防和治理的关系,确定了防治船舶及其有关作业活动污染海洋环境的途径和方式,要求要以“预防为主”,做到“防患于未然”,从源头上消除产生污染海洋环境问题的隐患,减轻事后治理所付的代价;同时,采取各种有效措施,治理船舶及其有关作业活动已经造成的海洋环境污染损害。只有这样,才能将船舶及其有关作业活动污染海洋环境的危害降低到最小,有效地保护海洋环境,实现海洋事业可持续发展的战略。

为贯彻“预防为主、防治结合”原则，本条例围绕“预防”、“治理”这两个方面进行了制度建设。在预防污染方面，本条例不仅继承了83年《条例》关于对船舶防污设备、防污文书的配备以及相关作业活动的预防措施的原则性要求外，还增加了安全营运和防治船舶污染管理体系审核、有关作业活动专业知识和技能培训、防污应急设备专项验收、污染物接收作业许可、污染危害性货物进出港许可、污染危害性不明货物评估制度、开箱查验制度、散装液体污染危害性货物过驳作业许可等若干具体的预防措施。在治理污染方面，本条例建立了船舶污染事故应急反应制度和船舶污染事故调查处理制度，规定船舶污染海洋环境应急能力建设规划的编制、应急预案的制定、预警和监测体系的建立以及船舶签订污染清除作业协议制度，并对专业应急队伍以及应急设备库的建立提出了要求，同时在第五章对“船舶污染事故的应急处置”作了专章规定，明确了事故应急指挥机构的地位、作用以及成立机制，详尽规定了事故报告的程序和内容，并对各级相关管理部门的应急处置工作提出了明确要求，进一步明确了船舶污染事故调查处理制度。

第四条　国务院交通运输主管部门主管所辖港区水域内非军事船舶和港区水域外非渔业、非军事船舶污染海洋环境的防治工作。

海事管理机构依照本条例具体负责防治船舶及其有关作业活动污染海洋环境的监督管理。

【释义】　本条是关于防治船舶及其有关作业活动污染海洋环境监督管理实施主体及其职责的规定。

一、本条明确了国务院交通运输主管部门是船舶防治污染工作的主管部门

《国务院办公厅关于印发交通运输部主要职责内设机构和人

员编制规定的通知》(国办发[2009]18号),明确了交通运输部具有负责水上交通管制、船舶及相关水上设施检验、登记和防止污染、水上消防、航海保障、救助打捞、通信导航、船舶与港口设施保安及危险品运输监督管理等职责,并负责中央管理水域水上交通安全事故、船舶及相关水上设施污染事故的应急处置,依法组织或参与事故调查处理工作,指导地方水上交通安全监管工作。据此,条例规定了交通运输部是船舶及相关水上设施污染防治工作的主管部门。本条例中,国务院交通运输主管部门的主管职责主要体现在制定防治船舶污染海洋环境管理政策、法规和规范,组织编制国家防治船舶及其有关作业活动污染海洋环境应急能力建设规划,建立健全国家防治船舶及其有关作业活动污染海洋环境应急反应机制,并制定国家防治船舶及其有关作业活动污染海洋环境应急预案,根据国务院授权组织特别重大船舶污染事故应急处置和事故调查等。

二、本条明确了海事管理机构是船舶防治污染工作的具体监管部门

本条第二款授权海事管理机构具体负责防治船舶及其有关作业活动污染海洋环境的监督管理工作。中华人民共和国海事局(交通运输部海事局)是在原中华人民共和国港务监督局(交通安全监督局)和原中华人民共和国船舶检验局(交通部船舶检验局)的基础上,合并组建而成的,为交通运输部直属机构,实行垂直管理体制。根据《国务院办公厅关于印发交通运输部主要职责内设机构和人员编制规定的通知》(国办发[2009]18号),中华人民共和国海事局(交通运输部海事局)及其直属海事机构履行水上交通安全监督管理、船舶及相关水上设施检验和登记、防止船舶污染和航海保障等行政管理和执法职责。本条例授权海事管理机构具体负责防治船舶及其有关作业活动污染海洋环境的监督管理工

作，也是对《中华人民共和国海洋环境保护法》赋予国家海事行政主管部门负责船舶污染海洋环境监督管理职责的具体体现。依据《中华人民共和国海洋环境保护法》国家海事行政主管部门对污染海洋环境的监督管理职责主要有三个方面：一是负责所辖港区水域内非军事船舶和港区水域外非渔业、非军事船舶污染海洋环境的监督管理；二是负责污染事故的调查处理；三是对在中华人民共和国管辖海域航行、停泊和作业的外国籍船舶造成的污染事故登轮检查处理。

三、本条明确了主管部门对防治船舶污染海洋环境管理工作的管辖范围

本条例主管部门对防治船舶污染海洋环境管理工作的管辖范围分为两个部分：一是对所辖港区水域内非军事船舶污染海洋环境的监督管理；二是对所辖港区水域外非渔业、非军事船舶污染海洋环境的监督管理。

关于“所辖港区水域”问题。《国务院办公厅关于印发交通运输部主要职责内设机构和人员编制规定的通知》（国办发［2009］18号）所确定的交通运输部对防治船舶及有关作业活动污染海洋环境的监管职责，是没有“所辖港区水域内”和“所辖港区水域外”之分的。但是，《中华人民共和国海洋环境保护法》在赋予国家海事行政主管部门的职责时，使用了“所辖港区水域内非军事船舶”和“所辖港区水域外非渔业、非军事船舶”的概念和划分方式，其目的是解决国家海事行政主管部门与国家渔政渔港监督管理机构、军队环境保护部门等部门在船舶种类上管辖权分工问题。正确理解这一划分标准，应当将本条与本条例第七十六条、第七十七条以及《中华人民共和国海洋环境保护法》、《中华人民共和国渔港水域交通安全管理条例》等法律、行政法规结合起来考虑。《中华人民共和国渔港水域交通安全管理条例》对“渔港”、“渔港水

域”进行了解释，“渔港”是指主要为渔业生产服务和供渔业船舶停泊、避风、装卸渔获物和补充渔需物资的人工港口或者自然港湾，“渔港水域”是指渔港的港池、锚地、避风湾和航道。

关于“军事船舶”。“军事船舶”是指纳入军事主管部门编制的，为军事目的服务的船舶。构成军事船舶应当同时具备两个特征，第一，纳入军事主管部门编制，即为军事主管部门所有或者租赁，并在军事主管部门登记造册；第二，为军事目的服务，即为军事训练、作战或者运输军用物资，如果为非军事目的比如一艘纳入军事部门编制的船舶从事民用运输，就不能称为军事船舶。

关于“渔业船舶”。《中华人民共和国海上交通安全法》、《中华人民共和国渔业法》、《中华人民共和国内河交通安全管理条例》、《船舶登记条例》、《船舶和海上设施检验条例》、《渔港水域交通安全管理条例》表述不尽相同，有的使用“渔业船舶”，有的使用“渔船”，而且也没有统一和一致的解释。《1974 年国际海上人命安全公约》、《1978 年海员培训、发证和值班标准国际公约》、《1966 年国际载重线公约》及其 1988 年议定书等国际公约将“渔船”定义为“用于商业性捕捉鱼类、鲸鱼、海豹、海象或其他海洋生物资源的船舶”。目前，国内关于“渔业船舶”的概念不统一、与有关国际公约的不一致，已经造成了一系列管理上的问题，比如，有些机构将国际渔业辅助船作为渔船进行管理，一方面降低了对这些船舶安全监管的要求，另一方面，由于其他国家按照相关国际公约都将国际渔业辅助船当作运输船舶，从而导致这些辅助船舶经常因未持有海事管理机构所签发的证书在国外被滞留，既影响了正常的渔业生产经营活动，也影响了我国的国际形象。

第五条　国务院交通运输主管部门应当根据防治船舶及其有关作业活动污染海洋环境的需要，组织编制防治船舶及其有关作业活动污染海洋环境应急能力建设规划，报国务院批准后公布

实施。

沿海设区的市级以上地方人民政府应当按照国务院批准的防治船舶及其有关作业活动污染海洋环境应急能力建设规划，并根据本地区的实际情况，组织编制相应的防治船舶及其有关作业活动污染海洋环境应急能力建设规划。

【释义】　本条是关于国家和地方防治船舶及其有关作业活动污染海洋环境应急能力建设规划的规定。

一、规划的目的

本条是新增加的制度。防治船舶及其有关作业活动污染海洋环境是海洋环境保护中的一项重要内容，属政府职责中的公共安全范畴。船舶污染事故具有突发性强，扩散性快、危害性大等特点，远离陆地，救援困难，对海洋环境的污染损害和生态破坏程度极高，易造成群死群伤和重大经济、环境损失以及重大社会影响，常规手段和方法难以应对。并且，国内外重特大船舶污染事故证明，单靠中央政府、地方政府或企业任何一方都不足以应对重特大船舶污染事故，甚至仅仅一个国的应急力量有时也不足以应对灾难性的船舶污染事故。为此，不仅是国家层面，相关地方人民政府也应当加强防治船舶及其有关作业活动污染海洋环境应急能力建设。为加强应急能力建设，有必要提前评估风险、提前编制规划、合理布局应急力量，只有这样才能在一旦发生事故后立即反应，有效地减少或减轻污染损害，切实保障人民群众的生命财产安全，促进经济发展，这既对维护国家权益具有重要意义，也是各级政府履行处理公共突发事件职能的具体体现。同时，我国加入的《联合国海洋法公约》和《1990 年国际油污防备、反应和合作公约》等国际公约对国家海上船舶污染事故应急防备也作了相关规定，因此，建立编制防治船舶及其有关作业活动污染海洋环境应急能力建设规划制度，也是我国履行相关国际公约的具体体现。

二、规划的主要内容及编制要求

防治船舶及其有关作业活动污染海洋环境应急能力建设规划是为应对船舶污染事故所编制的防备能力建设战略布局和发展计划。如同国家或地方的其他发展规划一样，应急能力建设规划是一个专项规划，并能够作为当前和今后一定时期应急能力发展的行动纲领和编制其他相关计划的依据。编制应急能力建设规划应当注意与国家或地方的经济发展规划、港口规划、环境保护规划相协调，地方政府编制的规划应当符合国家规划的总体要求。

应急能力建设规划的主要内容包括：船舶及其有关作业活动污染海洋环境的风险和发展趋势预测、应急能力现状分析、建设目标、规划原则、建设项目与系统、规划布局、建设主体、建设资金、建设周期、保障措施等等。规划的范围主要包括防止船舶发生事故的措施和手段、减少船舶污染物排放的措施和手段、港口污染物接收设施建设、船舶污染事故应急防备等方面。在编制规划时，应当开展船舶及其有关作业活动污染海洋环境的风险评估、现有船舶污染事故应急能力评估等工作，应当充分征求有关行业有关部门和人民群众的意见。各级人民政府应当将规划的编制和管理经费纳入本级财政预算。经依法批准的规划，是船舶污染事故应急能力建设和规划管理的依据，未经法定程序不得修改。编制规定应当按照因地制宜、切实可行的原则，并注意根据风险变化情况及时更新。

三、国家规划的编制

本条第一款规定国务院交通运输主管部门应当根据防治船舶及其有关作业活动污染海洋环境的需要，组织编制防治船舶及其有关作业活动污染海洋环境应急能力建设规划，报国务院批准后公布实施。《中华人民共和国突发事件应对法》第四条规定：“国家建立统一领导、综合协调、分类管理、分级负责、属地管理为主的应急管理体制”，明确了中央和地方各级人民政府、各相关管理部门在突发事件应急工作中的相应职责和义务。在我国，国务院是突发事件应急管理工作的最高行政领导机关。国务院交通运输主管部门则根据国务院的授权，是我国防治船舶污染海洋环境工作的主管部门，因此，国家层面的防治船舶及其有关作业活动污染海洋环境应急能力建设规划应当由国务院交通运输主管部门负责组织制定，并报国务院批准，这一规划具有层次高、指导力强的特点。国家层面的应急能力规划主要由中央财政安排专项资金，由国务院交通运输主管部门组织编制并组织实施。

目前，由国家发展和改革委员会与交通运输部编制的《国家水上交通安全监管和救助系统布局规划》已于2007年4月经国务院批准。这是新中国成立以来编制的第一个国家级水上交通安全监管和救助系统中长期规划，内容包括了防治船舶及其有关作业活动污染海洋环境应急能力建设总体规划。该规划是集布局规划、系统规划和建设规划为一体的综合性规划，空间布点上覆盖我国沿海，目标是以我国沿海和长江干线水域为重点，基本建立全方位覆盖、全天候运行、具备快速反应能力的现代化防治船舶及其有关作业活动污染海洋环境应急能力。

四、地方规划的编制

本条第二款规定沿海设区的市级以上地方人民政府应当按照国务院批准的防治船舶及其有关作业活动污染海洋环境应急能力建设规划，并根据本地区的实际情况，组织编制相应的防治船舶及其有关作业活动污染海洋环境应急能力建设规划。之所以要对沿海设区的市级以上地方人民政府予以规定，主要出于以下两方面考虑：一是根据《中华人民共和国突发事件应对法》第七条规定“县级人民政府对本行政区域内突发事件的应对工作负责。法律、行政法规规定由国务院有关部门对突发事件的应对工作负责的，从其规定；地方人民政府应当积极配合并提供必要的支持”，“国务院和县级以上各级人民政府应当采取财政措施，保障突发事件应对工作所需经费”，同时《中华人民共和国海洋环境保护法》也规定“沿海县级以上地方人民政府及其有关部门在发生重大海上污染事故时，必须按照应急计划解除或者减轻危害。”由此可见，我国的法律法规已经明确了地方各级人民政府在船舶及其相关作业活动污染海洋环境应急工作中的相应职责和义务。二是考虑到船舶及其相关作业活动污染海洋环境应急能力建设规划内容多、周期长，涉及众多各级地方政府和相关部门，因此，除了国家规划外，相关地方政府也应因地制宜的建立相应的应急能力建设规划。

地方各级政府是本行政区域内应急管理工作的行政领导机关，负责本行政区域内各类突发事件应急管理工作，编制并实施地方防治船舶及其有关作业活动污染海洋环境应急能力建设规划，是沿海地区设区的市级以上地方人民政府的重要职责。沿海地区设区的市级以上地方人民政府，应当按照国务院批准的防治船舶及其有关作业活动污染海洋环境应急能力建设规划，根据本地方的防治船舶及其有关作业活动污染海洋环境风险和应急能力现状等实际情况，制定相应的防治船舶及其有关作业活动污染海洋环境应急能力建设规划，并在地方政府财政预算中安排专项建设资金，组织实施。在编制和实施规划时，各地海事管理机构应当发挥专业优势，积极协助地方政府完成规划的编制和实施工作。交通运输部作为本条例的主管部门，应当加强对地方政府应急能力建设规划的指导。

第六条　国务院交通运输主管部门、沿海设区的市级以上地方人民政府应当建立健全防治船舶及其有关作业活动污染海洋环

境应急反应机制，并制定防治船舶及其有关作业活动污染海洋环境应急预案。

【释义】　本条是关于国家和地方政府制定防治船舶及其有关作业活动污染海洋环境应急反应机制和应急预案的规定。

完善的应急反应机制和应急预案体系是事故应急的关键要素。应急反应机制是突发事件应急反应过程中的组织及其内部相互作用关系，适用于各种具体突发事件的应急反应，是有效应对各种类型的突发事件的措施、方法和程序。应急预案则是在评估潜在重大危险、辨识事件类型、发生的可能性及发生过程、事件后果及影响严重程度的基础上，对应急机构的职责、人员、技术、装备、物资、应急行动及其指挥协调等方面预先作出安排，明确了在突发事件发生之前、发生过程中以及结束后，谁负责做什么、何时做，以及相应的策略和资源准备等，是应急反应的行动指南。

《中华人民共和国突发事件应对法》第十七条规定“国家建立健全突发事件应急预案体系。国务院制定国家突发事件总体应急预案，组织制定国家突发事件专项应急预案；国务院有关部门根据各自的职责和国务院相关应急预案，制定国家突发事件部门应急预案。地方各级人民政府和县级以上地方各级人民政府有关部门根据有关法律、法规、规章、上级人民政府及其有关部门的应急预案以及本地区的实际情况，制定相应的突发事件应急预案。应急预案制定机关应当根据实际需要和情势变化，适时修订应急预案。应急预案的制定、修订程序由国务院规定。”《中华人民共和国海洋环境保护法》第十八条规定：“国家海事行政主管部门负责制定全国船舶重大海上溢油污染事故应急计划。”“沿海县级以上地方人民政府及其有关部门在发生重大海上污染事故时，必须按照应急计划解除或者减轻危害”。同时，我国也是《1990年国际油污防备、反应和合作公约》的缔约国，该公约规定，每一当事国应当建立对油污采取迅速和有效的反应行动的国家和区域的防备和反应系统，该系统至少包括以下内容：明确负责油污防备和反应工作的主管当局，公布能够接收或发送溢油事故报告的联络点，指定有权代表该国请求援助或决定按请求提供援助的当局。因此，本条款的规定体现了相关法律和国际公约的要求。为了能够行使好职责，国务院交通运输主管部门应根据国际公约和法律法规，结合我国防治船舶及其有关作业活动污染海洋环境工作的实际，建立健全应急反应机制和组织制定应急预案。与此同时，沿海地区设区的市级以上地方人民政府要根据国务院交通运输主管的应急反应机制和应急预案，并结合本地方的实际情况，建立健全本地方的防治船舶及其有关作业活动污染海洋环境应急反应机制，制定防治船舶及其有关作业活动污染海洋环境应急预案，相关地方人民政府应当加强对应急预案的宣传和演练，切实提高所有应急机构和人员的意识和能力，熟悉和掌握应急反应程序和方法，并应当及时总结演练和事故应急中的经验和教训，注意根据实际情况的变化保持及时更新。另外，尽管本条没有要求沿海设区的市级以下地方人民政府建立机制和制定预案，但是，这并不免除沿海设区的市级以下地方人民政府在应急反应中的责任，因为根据《中华人民共和国海洋环境保护法》规定，沿海县级以上地方人民政府及其有关部门在发生重大海上污染事故时，必须按照应急计划解除或者减轻危害，沿海设区的市级以下地方人民政府应当按照上级人民政府的总体要求，承担相应的应急反应职责。

目前，交通运输部总体负责全国船舶及其有关作业活动污染事故应急反应工作，沿海各级海事管理机构具体负责辖区海域船舶及其有关作业活动污染事故应急反应工作，承担了海上船舶污染事故应急处置的组织、指挥和协调任务。在交通运输部和各直属海事管理机构所建设着应急决策指挥系统，连接着所有应急预案成员单位，形成了以交通运输部海事局为核心的全国应急决策指挥联网。应急预案建设方面，我国已经基本形成了国家级、海区、省（自治区、直辖市）、港口（码头）和船舶六级溢油应急反应体系。交通部和国家环保总局于2000年4月1日联合发布实施了《中国海上船舶溢油应急计划》和各海区溢油应急计划（包括北方海区溢油应急计划、南海海区溢油应急计划、东海海区溢油应急计划、台湾海峡溢油应急计划），海事管理机构还主持编制并实施了《珠江口区域海上溢油应急计划》、《台湾海峡水域船舶油污应急协作计划》、《渤海海域船舶污染应急联动协作机制》等协作行动计划。2004年，根据国务院制定相关突发事件应急预案的要求，交通部在原《中国海上船舶溢油应急计划》的基础上进行了较大修改，制定了《中国国家船舶污染水域应急计划》，将适用区域范围由海上扩大至所有水域，将污染物适用种类由油污扩大至油污和有毒液体物质。《中国国家船舶污染水域应急计划》是我国船舶溢油应急预案体系建设工作的纲领性文件。在其指导下，截至2008年底，上海、天津、河北、山东和浙江等5个省级船舶污染应急预案和沿海31个地市级应急预案已通过地方政府发布实施。此外，根据《中华人民共和国海洋环境保护法》第六十九条第二款的要求，我国沿海装卸油类的港口、码头、装卸站也分别编制了溢油污染应急计划，并报当地海事管理机构备案，作为当地地方政府应急预案的补充。我国是《1973年国际防止船舶造成污染公约1978年议定书》和《1990年国际油污防备、反应和合作公约》的缔约国，按照公约要求，我国国际航线和国内航线150总吨以上的油轮和400总吨以上的非油轮分别于1995年和1996年都完成了《船上油污应急计划》的编制，运输有毒有害液体化学品的船舶于2001年都完成了《船舶海洋污染应急计划》的编制；此外，交通运输部还与日本、韩国和俄罗斯共同制定了《西北太平洋行动计划区域溢油与有毒有害物质泄漏应急计划》，签署了《西北太平洋地区海洋环境溢油与有毒有害物质泄漏防备与反应区域合作谅解备忘录》。

第七条　海事管理机构应当根据防治船舶及其有关作业活动污染海洋环境的需要，会同海洋主管部门建立健全船舶及其有关作业活动污染海洋环境的监测、监视机制，加强对船舶及其有关作业活动污染海洋环境的监测、监视。

【释义】　本条是关于船舶及其有关作业活动污染海洋环境的监测、监视的规定。

由于海水流动的自然特性和船舶的流动性，船舶污染事故对海洋环境的污染区域具有不确定性，因此有必要建立健全船舶及其有关作业活动污染海洋环境的监测和监视机制，以便及时发现船舶及其有关作业活动污染海洋环境的行为，及时采取有效措施降低污染损害。《中华人民共和国海洋环境保护法》第十四条第二款规定："国家海洋行政主管部门按照国家环境监测、监视规范和标准，管理全国海洋环境的调查、监测、监视，制定具体的实施办法，会同有关部门组织全国海洋环境监测、监视网络，定期评价海洋环境质量，发布海洋巡航监视通报。依照本法规定行使海洋环境监督管理权的部门分别负责各自所辖水域的监测、监视。"据此，国家海洋行政主管部门是海洋环境监测、监视工作的主管部门，而具有海洋环境监督管理权的各相关部门则具体负责各自所辖水域的监测、监视工作，并共同建立全国海洋环境监测、监视网络。同时，鉴于海事管理机构和海洋主管部门在海洋监视监测工作中既有分工也有合作，因此，海事管理机构在建立健全船舶及有关作业活动的监测、监视机制时，应当充分考虑《海洋环境保护法》框架下的我国海洋环境监测、监视体系，既要做到履行船舶污染防治主管部门的职责，又要注重信息互通，资源共享，以助于提高全国海洋环境监测、监视的综合能力，避免由于重复设点、重复监测，降低工作效率，造成不必要的浪费。

本条所称的"监测"，主要是指间断或者连续地测定船舶污染物的性质、浓度，分析其变化和对海洋环境的影响的过程，包括日常监测和船舶污染事故发生后的监测，其基本目的是全面、及时、准确掌握船舶及其有关作业活动对海洋环境影响的水平、效应及趋势。监测是船舶防污染工作的基础和技术保障，也是海事执法的重要手段之一。

本条所称的“监视”，主要是针对船舶及其有关作业活动污染海洋环境的监视。从监视方式来讲，包括了巡航监视、定点监视、专项监视等。巡航监视又包括飞机巡航监视和船舶巡航监视等；定点监视是指确定监视点或区域，定期或不定期地开展监视，如利用卫星遥感实施在特定区域监视；专项监视是指对海上船舶某一作业行为进行长期、固定监视。从监视的手段来看，包括卫星监视、空中监视、巡航监视、CCTV 监视和人工视觉监视等。监视需要技术手段作支持，包括使用各种跟踪仪器、定位仪器、雷达等。从监视监测的主体来看，包括海事管理机构组织开展的对船舶及其有关作业活动污染海洋环境的监视监测，港口、码头、装卸站和从事船舶修造的单位根据其装卸货物种类、吞吐情况或者修造船舶情况开展的企业监视监测，以及船舶或者任何单位和个人对船舶及有关作业活动污染海洋环境的监视。

监测、监视机制包括建设专业机构、制定管理规定，出台监测、监视标准，以规范监测、监视行为；同时，根据实际需要，也应当加强监测、监视能力建设，配设施、设备和器材，提高监测、监视的能力。海事管理机构应当在我国海洋环境监测、监视规划的基础上，充分考虑船舶及其相关活动的特点，根据污染风险大小，建立健全船舶及其有关作业活动污染海洋环境监测、监视机制。

我国海事管理机构一直非常重视船舶及其有关作业活动污染海洋环境的监测、监视工作，投入大量人力、物力、财力，建立了船舶及其有关作业活动污染海洋环境的监测、监视体系，在全国沿海主要港口均有分支或派出机构，形成了覆盖全国海域的船舶溢油应急管理体系，并在传统船舶巡航的基础上，在沿海和长江下游建设了28个船舶交通管理(VTS)系统中心和96个雷达(中继)站,VTS雷达信号基本覆盖我国重要港口和交通繁忙水域,在沿海主要港口建立了闭路电视监控(CCTV)系统,逐步探索使用计算机溢油扩散模型、卫星遥感监测和直升机空中监测等一批现代应用技术,提高了溢油监视监测的准确性,增强了船舶污染监视手段和能力;同时,在交通部环境保护中心、大连危险品咨询中心和中国海事局烟台溢油应急技术中心设立了监测实验室,开展了一定规模的监测工作。随着该体系的逐步建立健全,已在防治船舶及其有关活动污染海洋环境、科学评价海洋环境质量,为海洋各相关部门提供决策等方面,发挥了积极和重要作用。

第八条　国务院交通运输主管部门、沿海设区的市级以上地方人民政府应当按照防治船舶及其有关作业活动污染海洋环境应急能力建设规划,建立专业应急队伍和应急设备库,配备专用的设施、设备和器材。

【释义】　本条是关于建立国家和地方专业应急队伍和应急设备库的规定。

建立专业应急队伍和应急设备库,是实施应急能力建设规划、加强应急能力建设、提高应急能力的具体措施。根据美国、日本等国家的实践经验,依靠国家提供财政支持,建设专业应急队伍和应急设备库,不断提高海上污染应急能力,加强污染事故应急演练,可以在发生海上船舶污染事故时发挥关键作用。

目前,我国海上船舶污染的应急力量主要由海事管理机构、港口企业、船舶和石油公司等方面组成,并在多次船舶污染事故应急反应中发挥了重要作用,但是这些应急力量仍然以非专业性质的力量居多。由于我国沿海海域船舶污染风险一直居高不下,一旦发生重大等级船舶污染事故,现有的应急力量难以有效抵御,因此必须建立一支经过专业训练,掌握专业知识,配备专业设施、设备和器材的应急队伍，以备关键时候能切实履行政府处理突发公共事件的应急职能。

《中华人民共和国突发事件应对法》第二十六条规定："县级以上人民政府应当整合应急资源，建立或者确定综合性应急救援队伍。人民政府有关部门可以根据实际需要设立专业应急救援队伍。县级以上人民政府及其有关部门可以建立由成年志愿者组成的应急救援队伍。单位应当建立由本单位职工组成的专职或者兼职应急救援队伍。县级以上人民政府应当加强专业应急救援队伍与非专业应急救援队伍的合作，联合培训、联合演练，提高合成应急、协同应急的能力。"第三十一条规定："国务院和县级以上地方各级人民政府应当采取财政措施，保障突发事件应对工作所需经费。"第三十二条规定："国家建立健全应急物资储备保障制度，完善重要应急物资的监管、生产、储备、调拨和紧急配送体系。设区的市级以上人民政府和突发事件易发、多发地区的县级人民政府应当建立应急救援物资、生活必需品和应急处置装备的储备制度。"据此，国务院交通运输主管部门作为我国防治船舶及其有关作业活动污染海洋环境的主管部门，应当按照防治船舶及其有关作业活动污染海洋环境应急能力建设规划，建立专业应急队伍和应急设备库，配备专用的设施、设备和器材。同时，对船舶及其有关作业活动污染海洋环境等突发事件的应急反应工作也是地方政府的职责，沿海地区设区的市级以上地方人民政府也应当结合当地实际，按照应急能力建设规划，建立相应的专业应急队伍和应急设备库，配备专用的设施、设备和器材。

"应急队伍"是发生船舶污染事故后，在事故应急指挥机构的统一组织指挥协调下，参与实施各级溢油应急计划，采取各种措施，负责污染围控、清除，具体开展应急清污行动的专业队伍。按照不同的建设主体、应急职能和专业特性，船舶污染事故应急队伍主要由政府专业应急队伍、社会专业清污队伍和兼职清污队伍等三个部分组成。政府专业应急队伍是指国务院交通运输主管部门和沿海设区的市级以上地方人民政府在各个地区建设的政府应急队伍，是政府实行行业管理，履行公共服务、维护公共安全职能的重要力量，是国家和地方政府突发性公共事件应急体系的组成部分和重要的国防资源；社会专业清污队伍主要由按市场机制运作的专业清污公司的清污队伍、大型石油企业建设的专业清污队伍、溢油应急设备器材专业生产厂家组建的专业清污队伍等组成；兼职清污队伍主要由各个危险品码头经营公司、航运公司、石油公司等兼职应急人员队伍和其他社会公众力量等组成。政府和社会的专业清污队伍主要应对港口和港口以外近海水域船舶污染事故的应急处理，是清污行动的骨干力量；兼职清污队伍主要应对码头前沿近岸水域船舶污染事故的应急处理，也是对抗重大船舶污染事故的后备力量。对政府专业应急队伍，国家和地方政府在不断加大投入的同时，还应当健全完善管理制度，加大培训和演练，逐步达到“精干的队伍、精良的装备、精湛的技术，关键时刻发挥关键作用”的目标；对社会专业清污队伍，国家应制定优惠政策，做好合理规划，扶持其发展；对兼职清污队伍，一方面可探索区域污染应急联防机制，整合各方资源，形成合力，实现资源的最大利用率；另一方面，也需要开展必要的培训和宣传，使其掌握船舶污染事故应急处置知识，提高队伍的应急素质和能力。

建设“应急设备库”的主要目的是为应对船舶污染事故提前做好应急设施、设备和器材的储备。为充分发挥应急设备库的作用，保证应急行动快速有效，在编制应急设备库的建设规划时应充分评估船舶污染事故风险，尽量将其设在事故多发区域，以高风险区为中心，合理布局，相互支援，形成应急网路。应急设备库依据其投资来源和应急能力分为国家设备库、地方政府设备库以及社会企业设备库。其中，国家设备库是指由国家投资建设的设备库，其功能主要是针对港口水域以外的领海，或公海上发生的对我国海域具有威胁的重大船舶污染事故的应急处理，以及国际与地区间污染应急协作，因此，其物质储备在性能和规模上都将高于地方政府设备库以及社会企业设备库，并可以在必要的时候提供支援；地方政府设备库由地方政府投资建设，主要应对地方辖区内港口或近岸水域船舶污染事故的应急处理，必要时也可对辖区以外事故应急提供支援；社会企业设备库主要由社会企业如港口、码头、石油公司、清污公司等投资建设，主要满足本企业污染应急需要，必要时，也可在事故应急指挥机构的组织指挥下对本企业以外的事故应急提供支援，是国家和地方设备库的有效补充。此外，应急设备库也可以探索国家、地方和企业共建的方式，充分发挥国家和地方政府的主导作用，以国家设备库为龙头，充分吸收和积极调动各级地方人民政府、社会企业，分别建设不同层次的设备库，或共同建设多层次一体化的设备库，以提高设备库的规模和应急能力。

"专用的设施、设备和器材"主要包括：一是用于海上污染应急反应行动的各种专业船舶，如综合应急船、多功能溢油回收储运船、指挥船、围油栏拖带船等；二是专业设施和设备，如回收后的污染物处理设施、回收油储运设备、转移和卸载设备、收油机等溢油回收设备、清洗机等岸线清除设备、水下抽油设备等；三是专业器材，如吸油材料、消油剂等；四是辅助设备和器材，包括运输搬运车辆、吊机、清洗设备、维修设备、后勤保障器材和装备。

第九条　任何单位和个人发现船舶及其有关作业活动造成或者可能造成海洋环境污染的，应当立即就近向海事管理机构报告。

【释义】　本条是关于船舶污染隐患或者船舶污染事故报告义务的规定。

《中华人民共和国海洋环境保护法》第四条规定："一切单位和个人都有保护海洋环境的义务，并有权对污染损害海洋环境的单位和个人，以及海洋环境监督管理人员的违法失职行为进行监督和检举。”这就要求我们要把海洋环境的国家监督管理和群众参与相结合，把依法保护环境和人民群众的自觉维护相结合。海洋环境保护不仅仅是政府及其相关部门的重要任务，而且也是企业、事业单位、社会团体和每个公民应尽的义务，是一项全民事业。因此，本条规定任何单位和个人发现船舶及其有关作业活动造成或者可能造成海洋环境污染的，应当立即向就近的海事管理机构报告或者举报。本条规定包含以下几方面含义：第一，任何“单位和个人”既包括中国的单位和个人，也包括外国的单位和个人；第二，“应当报告或者举报的”情况，不仅船舶及其有关作业活动已经造成海洋环境污染的情况，还包括虽尚未造成海洋环境污染但可能造成海洋环境污染的情况；第三，为便于相关部门作出快速反应，应当立即以最快的方式向就近的海事管理机构报告或者举报；第四，对于报告或者举报的方式和途径没有限制，可以是口头的，也可以是书面的，包括了现有海上应急通信方式如 VTS、（甚）高频、固定电话、移动电话、传真以及 2000 年 1 月 3 日启用的我国水上搜救专用电话号码：12395 等。

第二章　防治船舶及其有关作业活动污染海洋环境的一般规定

【本章提要】　本章共5条，是关于防治船舶及其作业活动污染海洋环境的一般规定。本章对船舶及其所有人、经营人或者管理人，以及与船舶有关的作业活动及其单位、从业人员提出了防治海洋环境污染的具体要求。本章规定，船舶的结构、设备、器材应当符合国家有关防治船舶污染海洋环境的检验规范和规定以及我国缔结或者参加的国际条约的要求，并取得相应的证书和文书，且船舶证书和文书应随船携带。中国籍船舶的所有人、经营人或者管理人应建立安全营运和防治船舶污染管理体系。本章规定了防污应急设备专项验收制度，要求港口、码头、装卸站以及从事船舶修造、打捞、拆解的单位，应当制定有关安全营运和防治污染的管理制度，配备相应的防治污染设备和器材，并通过海事管理机构的专项验收。本章还规定，船舶以及有关作业单位应当制定防治船舶及其有关作业活动污染海洋环境的应急预案。

第十条　船舶的结构、设备、器材应当符合国家有关防治船舶污染海洋环境的技术规范以及中华人民共和国缔结或者参加的国际条约的要求。

船舶应当按照法律、行政法规、国务院交通运输主管部门的规定以及中华人民共和国缔结或者参加的国际条约的要求，取得并随船携带相应的防治船舶污染海洋环境的证书、文书。

【释义】　本条是关于船舶的构造、设备、器材，以及防治船舶

污染海洋环境的证书、文书的规定。

船舶的结构、设备和器材是否符合国家有关技术规范以及我国缔结或者参加的国际条约的要求,其日常维护是否符合相关规定,直接关系到船舶营运过程中发生船舶污染事故的可能性、造成海洋环境污染损害的程度和污染事故发生后应急反应的有效性;而防治船舶污染海洋环境的证书、文书则是衡量船舶结构、设备、器材是否符合要求的基本判断标准。加强对船舶结构、设备、器材及其证书、文书的管理是防治船舶污染海洋环境的源头管理工作之一。

一、本条第一款是对船舶的结构、设备、器材的要求

本款所称"船舶的结构"即指船舶构造,主要包括船体结构、舱室布置、船舶管系等等;本款所称"设备"是指安装在船舶上,以保证船舶正常运转的各种设施和系统,主要是指与防污染相关的设备,包括船舶动力系统以及油水分离器、焚烧炉、生活污水处理装置、船舶垃圾及压载水、臭氧消耗物质处理设施等辅助机械;本款所称"器材"是指船舶配备的防治船舶造成海洋环境污染的专用物资和材料。

"国家有关防治船舶污染海洋环境的技术规范"包括《船舶与海上设施法定检验规则》等船舶检验技术法规和国务院交通运输主管部门、国家海事管理机构颁布的相关规章、规范性文件以及技术标准等。"国际条约"是指我国缔结或者参加的涉及船舶防污染的国际公约及其相关文件、指南和技术规则等,主要包括《1974年国际海上人命安全公约》(SOLAS 74 公约)、《经 1978 年议定书修订的 1973 年国际防止船舶造成污染公约》(《73/78 防污公约》)及其各附则、《固体散装货物安全操作规则》(BC 规则)、《国际散装运输危险化学品船舶构造和设备规则》(IBC 规则)、《散装运输危险化学品船舶构造和设备规则》(BCH 规则)、《国际散装运输液化气体船舶构造和设备规则》(IGC 规则)、《散装运输液化

气体船舶构造和设备规则》(GC规则)、《现有散装运输液化气体船舶规则》、《1992年国际油污损害民事责任公约》、《2001年国际燃油污染损害民事责任公约》等。

根据本款的规定,船舶的结构、设备、器材应当符合国家有关防治船舶污染海洋环境的技术规范以及中华人民共和国缔结或者参加的国际条约的要求,这通常是通过船舶检验来实现的。这里的船舶检验是指船舶的法定检验,船舶检验的目的是通过对船舶的船体结构、安全性能、动力装置、安全设备及其所用材料和部件的检验和试验,确保船舶及其所采用的材料、设备和器材的性能和技术条件符合国际条约、国家法律、法规、技术标准和船舶检验规范的各项要求和规定,使其具备安全航行、安全作业以及防止造成海洋环境污染的技术条件,从而保障水上人命财产安全和海洋环境得到有效保护。任何船舶均不得设置或者使用未经海事管理机构认可的船舶检验机构检验合格的结构、设备、器材。

对国内航行船舶而言,在进行船舶检验时,应执行我国的检验规范和相关规定,主要是指《非国际航行海船法定检验技术规则》等;对国际航行海船,在进行船舶检验时,除执行《国际航行海船法定检验技术规则》等我国的检验规范和相关规定外,还应满足我国缔结或者参加的国际条约要求。进入我国水域的外国籍船舶应符合我国缔结或者加入的国际条约的要求。目前中国籍国际航行船舶的法定检验均由中国海事局授权的中国船级社(CCS)进行。

二、本条第二款是对防治船舶污染海洋环境的证书和文书的要求

本款中的证书和文书是船舶所必备的、用以证明船舶性能、技术状况和营运符合安全与防治污染要求的各种文件的总称(详见表1、表2)。船舶证书有法定证书与入级证书之分,本款所称证书

仅指船舶法定证书,是船舶通过法定检验的证明文件。船舶法定证书由海事管理机构或者经海事管理机构授权的船舶检验机构签发。由于船舶的种类、吨位及航行区域的不同,不同的船舶所应取得的证书是不同的。船舶文书是指国际条约、国内法律行政法规、规章规定的船舶必须持有的各类报告、手册、资料、说明书、记录等证明文件,属于法定文书,其中《船上油污应急计划》、《船舶垃圾管理计划》、《程序和布置手册》等文书需要经过海事管理机构的审核批准。

中国籍国际航行船舶主要防污染证书、文书配备一览表 表1

序号	证书、文书名称	依　据	签发机关	适用船舶
1	船公司符合证明副本(DOC)	国际船舶安全营运和防止污染管理规则(ISM规则)	海事管理机构	500总吨以上所有船舶
2	船舶安全管理证书(SMC)	国际船舶安全营运和防止污染管理规则(ISM规则)	海事管理机构	500总吨以上所有船舶
3	国际防止油污证书(IOPP证书)	经1978年议定书修订的1973年国际防止船舶造成污染公约(73/78防污公约)附则I	船级社	150总吨以上的油船及400总吨及以上的非油船
4	国际防止生活污水污染证书	经1978年议定书修订的1973年国际防止船舶造成污染公约(73/78防污公约)附则Ⅳ	船级社	400总吨及以上的新船和400总吨以下但经核定许可载运10人以上的新船以及该附则生效之日5年后上述所有船舶

续上表

序号	证书、文书名称	依 据	签发机关	适用船舶
5	国际防止空气污染证书(IAPP证书)	经1978年议定书修订的1973年国际防止船舶造成污染公约(73/78防污公约)附则Ⅲ	船级社	400总吨及以上船舶
6	油污损害民事责任保险或其他财务保证证书(CLC证书)	1992年国际油污损害民事责任公约、本条例	海事管理机构	散装运输持久性油类的船舶
7	国际防止散装运输有毒液体物质污染证书(NLS证书)	经1978年议定书修订的1973年国际防止船舶造成污染公约(73/78防污公约)附则Ⅱ	船级社	散装运输有毒液体物质船舶
8	国际散装运输化学品适装证书(COF证书)	国际散装运输危险化学品船舶构造和设备规则(IBC规则)	船级社	1986年7月1日及以后建造的散装运输危险化学品或有毒液体物质船舶
9	散装运输化学品适装证书	散装运输危险化学品船舶构造和设备规则(BCH规则)	船级社	1986年7月1日前建造的散装运输危险化学品或有毒液体物质船舶

续上表

序号	证书、文书名称	依　　据	签发机关	适用船舶
10	国际散装运输液化气体适装证书	国际散装运输液化气体船舶构造和设备规则（IGC 规则）	船级社	1986 年 7 月 1 日及以后建造的，从事散装运输温度在 37.8℃、蒸汽绝对压力超过 0.28 兆帕的液化气体及其他同类的散装其气体运输船舶
11	散装运输液化气体适装证书	散装运输液化气体船舶构造和设备规则（GC 规则）	船级社	1986 年 7 月 1 日以前建造的，从事散装运输温度在 37.8℃、蒸汽绝对压力超过 0.28 兆帕的液化气体及其他同类的散装其气体运输船舶
12	油类记录簿（机器处所）	经 1978 年议定书修订的 1973 年国际防止船舶造成污染公约（73/78 防污公约）附则 I	海事管理机构	150 总吨以上的油船及 400 总吨及以上的非油船
13	油类记录簿（货油、压载的作业）	经 1978 年议定书修订的 1973 年国际防止船舶造成污染公约（73/78 防污公约）附则 I	海事管理机构	150 总吨以上的油船

续上表

序号	证书、文书名称	依　据	签发机关	适用船舶
14	货物记录簿	经1978年议定书修订的1973年国际防止船舶造成污染公约(73/78防污公约)附则Ⅱ	海事管理机构	散装运输有毒液体物质船舶
15	垃圾记录簿	经1978年议定书修订的1973年国际防止船舶造成污染公约(73/78防污公约)附则Ⅰ	海事管理机构	400总吨及以上的船舶和核准载运15及以上人员的船舶
16	船上油污应急计划	经1978年议定书修订的1973年国际防止船舶造成污染公约(73/78防污公约)附则Ⅰ	海事管理机构	150总吨以上的油船及400总吨及以上的非油船
17	船上海洋污染应急计划	经1978年议定书修订的1973年国际防止船舶造成污染公约(73/78防污公约)附则Ⅰ、附则Ⅱ	海事管理机构	同时适用《73/78防污公约》附则Ⅰ第37条和附则Ⅱ第17条的船舶
18	船上有毒液体物质海洋污染应急计划	经1978年议定书修订的1973年国际防止船舶造成污染公约(73/78防污公约)附则Ⅱ	海事管理机构	150总吨及以上散装运输有毒液体物质船舶

续上表

序号	证书、文书名称	依　据	签发机关	适用船舶
19	船舶垃圾管理计划	经1978年议定书修订的1973年国际防止船舶造成污染公约(73/78防污公约)附则Ⅰ	海事管理机构	400总吨及以上的船舶和核准载运15及以上人员的船舶
20	程序和布置手册	经1978年议定书修订的1973年国际防止船舶造成污染公约(73/78防污公约)附则Ⅱ	海事管理机构	指定载运X、Y、Z类物质的散装运输有毒液体物质船舶
21	国际燃油污染损害民事责任证书	2001年国际燃油污染损害民事责任公约	海事管理机构	1000总吨及以上的非散装载运持久性油类物质的船舶

中国籍国内沿海航行船舶主要防污染证书、文书一览表 表2

序号	证书、文书名称	签发机关	适用船舶
1	船公司符合证明副本(DOC)	海事管理机构	500总吨以上所有船舶
2	船舶安全管理证书(SMC)	海事管理机构	500总吨以上所有船舶
3	海上船舶防止油污证书	船舶检验机构	所有船舶
4	海上船舶防止生活污水污染证书	船舶检验机构	20米及以上船舶
5	海上船舶防止散装运输有毒液体物质污染证书	船舶检验机构	20米及以上散装运输有毒液体物质船舶

续上表

序号	证书、文书名称	签发机关	适用船舶
6	海上船舶散装运输化学品适装证书	船舶检验机构	散装运输化学品的各类船舶
7	海上船舶散装运输液化气体适装证书	船舶检验机构	散装运输液化气体的各类船舶
8	海上船舶危险品适装证书	船舶检验机构	20 米及以上运输包装类有害物质的船舶
9	油类记录簿（机器处所）	海事管理机构	150 总吨以上的油船及 400 总吨及以上的非油船
10	油类记录簿（货油、压载的作业）	海事管理机构	150 总吨以上的油船
11	货物记录簿	海事管理机构	散装运输有毒液体物质船舶
12	垃圾记录簿	海事管理机构	400 总吨及以上的船舶和核准载运 15 及以上人员的船舶
13	船上油污应急计划	海事管理机构	150 总吨以上的油船及 400 总吨及以上的非油船
14	船上海洋污染应急计划	海事管理机构	同时适用《73/78 防污公约》附则Ⅰ第 37 条和附则Ⅱ第 17 条的船舶
15	船上有毒液体物质海洋污染应急计划	海事管理机构	150 总吨及以上散装运输有毒液体物质船舶
16	船舶垃圾管理计划	海事管理机构	400 总吨及以上的船舶和核准载运 15 及以上人员的船舶
17	程序和布置手册	海事管理机构	指定载运 X、Y、Z 类物质的散装运输有毒液体物质船舶

续上表

序号	证书、文书名称	签发机关	适用船舶
18	船舶油污损害民事责任保险证书或者财务保证证书(燃油证书)	海事管理机构	1000 总吨及以上非载运持久性油类物质的船舶
19	油污损害民事责任保险或其他财务保证证书(CLC 证书)	海事管理机构	散装持久性油类物质的船舶

通常情况下,进入我国水域的外国籍船舶,以及中国籍国际航行船舶,需要取得的防治船舶污染海洋环境的证书主要包括:《船公司符合证明》副本(DOC)、《船舶安全管理证书》(SMC)、《国际防止油污证书》(IOPP 证书)、《国际防止生活污水污染证书》、《国际防止空气污染证书》(IAPP 证书)、国际燃油污染损害民事责任证书等。对于载运油类、有毒有害物质、散装运输化学品、散装运输液化气体的船舶还应分别取得《船上油污应急计划》、《船舶油污损害民事责任保险或其他财务保证证书》(CLC 证书)、《国际防止散装运输有毒液体物质污染证书》(NLS 证书)、《国际散装运输化学品适装证书》(COF 证书)、《散装运输化学品适装证书》、《国际散装运输液化气体适装证书》、《散装运输液化气体适装证书》等。中国籍国际航行船舶应取得的防治船舶污染海洋环境的证书、文书见表 1。

我国国内航行海船可能需要取得的防治船舶污染海洋环境的证书主要包括:《船公司符合证明》副本(DOC)、《船舶安全管理证书》(SMC)、《海上船舶防止油污证书》、《海上船舶防止生活污水污染证书》、《海上船舶防止空气污染证书》等。对于载运油类、有毒有害物质、散装运输化学品、散装运输液化气体的船舶还应分别取得《船舶油污损害民事责任保险或其他财务保证证书》(CLC 证书)、《海上船舶防止散装运输有毒液体物质污染证书》、《海上船船散装运输危险化学品适装证书》、《海上船舶散装运输液化气体适装证书》、《海上船舶危险品适装证书》等。国内沿海航行船舶应配备的防治船舶污染海洋环境的证书、文书详见表2。

防治船舶污染海洋环境的文书主要包括《油类记录簿》(机器处所)、《垃圾记录簿》、《船上油污应急计划》、《船舶垃圾管理计划》等。对于载运油类、有毒液体物质的船舶还必须分别取得《油类记录簿》(货油、压载的作业)、《货物记录簿》、《船上有毒液体物质污染应急计划》或《船上海洋污染应急计划》、《程序布置手册》等。

船舶法定证书是表明船舶是否满足航行安全和防污染标准的基本要素之一,因此船舶法定证书必须随船携带,以备海事管理机构的查验。另外,船舶随船携带的证书与文书必须是全面的、有效的,格式与内容应符合相关规定的要求。当相关国际条约及法律、法规经过修订后,防治船舶污染海洋环境的证书、文书的种类、格式和内容应当相应更新,以满足国际条约及法律、法规的要求。

第十一条　中国籍船舶的所有人、经营人或者管理人应当按照国务院交通运输主管部门的规定,建立健全安全营运和防治船舶污染管理体系。

海事管理机构应当对安全营运和防治船舶污染管理体系进行审核,审核合格的,发给符合证明和相应的船舶安全管理证书。

【释义】　本条是关于船舶所有人、经营人或者管理人建立健全安全营运和防治船舶污染管理体系的规定。

本条是条例一项新设立的制度,主要目的是为了加强对航运公司以及船舶的安全与防污染管理,是结合《国际船舶安全营运和防止污染管理规则》(ISM 规则)在我国的推广实施而作出的具体规定。《国际船舶安全营运和防止污染管理规则》于1993年以国际海事组织(IMO)A. 741(18)号决议通过,并以《1974年国际人命安全公约》(SOLAS 74 公约)新增加第IX章《船舶安全运营管理》的形式而得以强制实施。该规则要求负有船舶安全营运和防止污染管理责任的公司,建立并在岸上和船上实施科学化、系统化、文件化的管理体系,并不断提高岸上及船上人员的安全管理技能,促进船舶切实履行强制性技术标准,以实现安全与防污染的目标。

ISM 规则的实施使我国国际航行船舶的安全管理水平得到了明显提高,对促进海上安全和防止污染起到了重要的作用。为加强对国内航行船舶的安全和防污染管理,促进我国航运业整体素质和管理水平的不断提高,2001 年交通运输部海事局运用 ISM 规则的原理并结合我国的实际情况,颁布实施了《中华人民共和国船舶安全营运和防止污染管理规则》(交海发[2001]383 号,以下简称 NSM 规则)。同时,为保证 ISM 规则和 NSM 规则的有效实施,提高航运公司安全与防污染管理水平,我国海事管理机构先后制定了《航运公司安全管理体系审核发证规则》、《航运公司安全管理体系审核发证程序》等规范性文件。在此基础上,为提高航运公司安全与防污染管理水平,保障水上交通安全,防止船舶污染水域环境,规范航运公司安全与防污染管理体系的建立和运行,交通运输部 2007 年颁布实施了《中华人民共和国航运公司安全与防污染管理规定》(交通部令 2007 年第 6 号)。

本条主要包括以下内容:

1. 本条第一款规定了建立、健全安全营运和防治船舶污染管理体系的主体和要求。根据本款的规定,建立、健全安全营运和防治船舶污染管理体系的主体是中国籍船舶的所有人、经营人或者管理人。承担安全营运和防治船舶污染义务的中国籍船舶所有人、经营人或者管理人,应当按照《中华人民共和国航运公司安全与防污染管理规定》的要求建立安全营运和防治船舶污染管理体系,并建立健全安全与防污染管理制度,不断完善安全与防污染机制,保障船舶安全,防止船舶污染水域环境,保持体系的有效性。

此外,船舶所有人、经营人或者管理人还应当按照《航运公司安全管理体系审核发证规则》、《航运公司安全管理体系审核发证程序》等规范性文件的要求,接受海事管理机构对安全营运和防治船舶污染管理体系的审核以及对保持体系有效性的监督检查。

值得注意的是,“国务院交通运输主管部门的规定”除了对如何建立体系有具体要求外,对实施的对象也有具体的要求,目前并不要求所有的中国籍船舶都需要建立并运行体系。我国安全营运和防治船舶污染管理体系的实施是逐步进行的:

(1)我国国际航行船舶及其公司的安全营运和防治船舶污染管理体系的建立实施,按照SOLAS公约及ISM规则的有关要求进行,其管理体系应符合ISM规则及我国相关法律、法规、规范性文件的要求。在实施时间上,按照SOLAS公约要求,ISM规则对国际航行的客船(包括高速客船)、500总吨及以上的油船、化学品船、气体运输船、散货船和高速货船于1998年7月1日起生效实施。对500总吨及以上的其他货船和移动式近海钻井装置于2002年7月1日起生效实施。

(2)对于国内航行船舶实施,按照交通运输部及国家海事管理机构的相关规定也是分批进行的。2001年7月交通部以交海发[2001]383号文件发布了《中华人民共和国船舶安全营运和防止污染管理规则》,要求自2003年1月1日起对国内跨省航行载客定额50人及以上的客滚船、旅游船、高速客船和150总吨及以上的气体运输船、散装化学品船生效实施。对于油船原则上不迟于2003年7月1日生效,对于其他船舶的具体生效日期另行通知。此后,NSM规则在我国的实施逐步推进,目前已经对三批船舶强制实施。第一批实施的船舶为载客定额50人及以上跨省航行的客滚船、旅游船、高速客船和150总吨及以上的气体运输船、散装化学品船,实施时间为2003年1月1日。第二批实施的船舶为载客定额50人及以上跨省航行的客船(内河客渡船除外)和

500 总吨及以上的油船(港内作业的除外),实施时间为 2004 年 7 月 1 日。第三批实施的船舶为 500 总吨及以上沿海跨省航行的散货船和其他货船,实施时间为 2007 年 7 月 1 日。

目前,对于我国国际航行的客船(包括高速客船)、500 总吨及以上的其他船舶和移动式近海钻井装置,其所有人、经营人或者管理人均应按规定建立安全营运和防治船舶污染管理体系。对于国内航行的载客定额 50 人及以上跨省航行的客船(内河客渡船除外)、客滚船、旅游船、高速客船,150 总吨及以上的气体运输船、散装化学品船,以及 500 总吨及以上的油船(港内作业的除外)、沿海跨省航行的散货船和其他货船,其所有人、经营人或者管理人也均应按规定建立安全营运和防治船舶污染管理体系。

2. 本条第二款是关于安全营运和防治船舶污染管理体系审核、发证的规定。

船舶所有人、经营人或者管理人建立的安全营运和防治船舶污染管理体系应通过海事管理机构的审核,并取得符合证明和相应的船舶安全管理证书。航运公司应持有"符合证明",表明该航运公司安全管理体系符合要求的证明文件;船舶应当持有"安全管理证书"以及"符合证明"的副本,表明其航运公司和船上管理已经按照安全管理体系运作。

第十二条　港口、码头、装卸站和从事船舶修造的单位应当配备与其装卸货物种类和吞吐能力或者修造船舶能力相适应的污染监视设施和污染物接收设施,并使设施处于良好状态。

【释义】　本条是关于港口、码头、装卸站和从事船舶修造的单位应当具备船舶污染监视和污染物接收能力的规定。

船舶在航行、装卸作业、修造过程中会产生含油污水、含有毒有害物质污水、生活污水、船舶垃圾、压载水和沉积物、臭氧消耗物质,这些物质的直接排放会对海洋环境造成严重污染损害,必须予以严格控制。为此,《经 1978 年议定书修订的 1973 年国际防止船舶造成污染公约》(《73/78 防污公约》)等有关国际条约,以及《中华人民共和国海洋环境保护法》等法律、法规都规定,船舶污染物必须达标排放,我国还制定了《船舶污染物排放标准》(GB 3552—83)。而对于达不到排放标准的船舶污染物,必须进行接收处理,其中排放至岸上接收设施是接收处理的主要方式之一。为满足船舶到港排放污染物的需要,《73/78 防污公约》及其各附则规定,缔约国政府必须在船舶装卸站、修理港及船舶需要排放污染物的其他港口设置足够的污染物接收设施。我国《海洋环境保护法》第六十九条第一款也规定:“港口、码头、装卸站和船舶修造厂必须按照有关规定备有足够的用于处理船舶污染物、废弃物的接收设施,并使该设施处于良好状态。”

本条即是对港口、码头、装卸站和从事船舶修造的单位应当“备有足够的用于处理船舶污染物、废弃物的接收设施”的具体规定。港口、码头、装卸站和从事船舶修造的单位应当按照该行业标准(交通运输部正在制定沿海港口、码头、装卸站和船舶修造单位船舶污染物接收能力要求行业标准)的规定,配备相应设施、设备和器材,具备充足的污染物接收能力,满足到港船舶排放污染物的需要。同时,为预防和及时发现船舶污染物非法排放的情况,本条还规定上述单位应当安装污染监视设施,以具备相应的监视能力。污染监视设施包括港口 CCTV 监视系统、溢油跟踪浮标、溢油监视报警系统等监视监测设备。

港口、码头、装卸站和从事船舶修造的单位所配备的污染物接收设施可以单独采取岸上接收方式,也可以采用岸上接收、水上接收以及与社会化服务机构签约等型式并存的方式,但污染物接收设施的接受能力必须与装卸货物种类、港口吞吐能力或者修造船舶能力相适应,即污染物接收设施在功能、容量、环保等方面应满足船舶污染物的排放要求,符合相关的规范、标准和技术要求等。对于装卸污染危害性货物的港口、码头、装卸站,还应当对所装卸的污染危害性货物特性进行充分评估，以保证所配备的污染物接收设施与所装卸污染危害性货物的特性相适应。拟增加新污染危害性货物品种的港口、码头、装卸站，应事先对船舶污染监视和污染物接收能力进行评估，对于不能满足新增污染危害性货物要求的船舶污染监视和污染物接收设施，要在增加货物品种前完成整改，配备与新增货物品种相适应的船舶污染监视和污染物接收设施。

港口、码头、装卸站和从事船舶修造的单位应加强对污染监视和污染物接收设施的维护保养，制定相应的管理制度，配备合格的管理人员和操作人员，使污染监视和污染物接收设施处于良好状态。海事管理机构应加强对污染监视和污染物接收设施的监督检查，设施不足或未处于良好状态的，应依法采取相应的措施。

第十三条　港口、码头、装卸站以及从事船舶修造、打捞、拆解等有关作业活动的单位应当制定有关安全营运和防治污染的管理制度，并按照国家有关防治船舶及其有关作业活动污染海洋环境的规范和标准，配备相应的防治污染设备和器材，通过海事管理机构的专项验收。

港口、码头、装卸站以及从事船舶修造、打捞、拆解等作业活动的单位，应当定期检查、维护配备的防治污染设备和器材，确保防治污染设备和器材符合防治船舶及其有关作业活动污染海洋环境的要求。

【释义】　本条是关于港口、码头、装卸站以及从事船舶修造、打捞、拆解的单位制定有关安全营运和防治污染的管理制度，并配备相应的防治污染设备和器材的规定。

近年来，随着经济的飞速发展，我国沿海船舶运输量持续增加，航行于我国沿海的各类船舶数量不断攀升。船舶在航行、装卸货物、修造过程中的突发事故频发，由此带来的重大污染风险不断加大。此外，船舶打捞、拆解作业过程中的污染事故也呈持续增加的趋势。为应对这种风险，港口、码头、装卸站以及从事船舶修造、打捞、拆解的单位制定有关安全营运和防治污染的管理制度，配备与其污染风险相适应的防治污染设备和器材是非常有必要的。

本条第一款新设立了专项验收制度。《中华人民共和国环境影响评价法》要求对建设项目实施后可能造成的环境影响进行分析、预测和评估，提出预防或者减轻不良环境影响的对策和措施，并进行跟踪监测。《中华人民共和国环境保护法》要求“建设项目中防治污染的措施，必须与主体工程同时设计、同时施工、同时投产使用”。在以往实施的针对港口、码头、装卸站以及从事船舶修造、打捞、拆解的单位开展的环境影响评价工作中，经常发生把重点放在陆上环保制度的建立和陆上设施设备的设计、施工和验收上，忽视了水上环保制度的建立以及水上防治污染设备、器材的配备，从而导致项目快投入营运了，而相关水上环保的制度尚未建立和设备、器材尚未配备的情形，甚至导致项目无法投入营运。因此本条第一款规定港口、码头、装卸站以及从事船舶修造、打捞、拆解的单位制定有关安全营运和防治污染的管理制度，配备防治污染设备和器材，并应当通过海事管理机构的专项验收。防治污染设备和器材主要包括船舶污染物接收设施、设备、器材，船舶污染监视设施，船舶污染应急设施、设备和器材等。如污染物岸上接收处理装置、污染物接收船艇等污染物接收设施、设备；又如港口CCTV 监视系统、溢油跟踪浮标、溢油监视报警系统等监视设施；以及收油机、消油剂喷洒装置、应急卸载和转驳装置、围油栏布放艇、溢油应急回收船、围油栏、消油剂、吸油毡、吸油棉、吸油粉、吸油拖缆等污染应急设施、设备、器材。防治污染设备、器材的配备应当满足国家有关防治船舶及其有关作业活动污染海洋环境的规范、标准，比如港口、码头溢油应急设备配备要求、沿海港口、码头、装卸站和船舶修造单位船舶污染物接收能力要求、沿海污染危害性货物码头安全装卸能力要求等。港口、码头、装卸站和从事船舶修造、打捞、拆解的单位配备防治污染设备和器材可以采取联合体等模式进行建设、运营、维护和管理。

按照防治污染“同时设计、同时施工、同时验收”的原则，港口、码头、装卸站以及从事船舶修造、打捞、拆解的单位项目法人应在工程可行性研究阶段或初步设计之前编制的环境影响报告书或者环境影响报告表中，对项目的船舶污染风险与防治能力开展评估并提出相应对策。按照《中华人民共和国海洋环境保护法》的规定，环境保护等主管部门在批准环境影响报告书之前，应当征求海事管理机构的意见。海事管理机构应当组织对环境影响报告书或者环境影响报告表中有关船舶污染风险与防治能力的内容进行评估并提出意见。在建设项目完工后、试运行前，海事管理机构应当对防治污染设备和器材是否符合国家有关规定、规范和标准要求进行专项检查验收，经专项验收合格后方可投入试运行或从事相关作业活动。港口、码头、装卸站提高船舶靠泊等级或者改变用途或者新增、变更作业品种的，应当对其有关船舶污染风险与防治能力进行重新评估，并申请海事管理机构专项验收。

本条第二款规定了相关单位对防治污染设备和器材进行定期检查维护的义务，以保证设备和器材的有效性，并处于随时可用状态。港口、码头、装卸站以及从事船舶修造、打捞、拆解的单位应当建立相应的检查维护制度，对防治污染设施、设备的维护检查应按照设备说明书标明的间隔期和维护内容进行，应确保其有效性，超过有效期的应及时更新。海事管理机构应当对防治污染设备和器材的可用状态进行核查，检查防治污染设备和器材的状况是否良好、是否有效等情况。

第十四条　船舶所有人、经营人或者管理人以及有关作业单位应当制定防治船舶及其有关作业活动污染海洋环境的应急预案，并报海事管理机构批准。

港口、码头、装卸站的经营人应当制定防治船舶及其有关作业

活动污染海洋环境的应急预案，并报海事管理机构备案。

船舶、港口、码头、装卸站以及其他有关作业单位应当按照应急预案，定期组织演练，并做好相应记录。

【释义】　本条是关于船舶所有人、经营人或者管理人以及有关作业单位，和港口、码头、装卸站的经营人制定防治船舶及其有关作业活动污染海洋环境应急预案的规定。

随着海上运输形势的不断发展，应急预案在海上污染事故应急处置中的作用越来越重要，《中华人民共和国突发事件应对法》的颁布实施也说明了我国政府对应急工作的高度重视。此前，依据《1990 年国际油污防备、反应与合作公约》，以及《中华人民共和国海洋环境保护法》等的相关规定，交通运输部和国家海事管理机构积极推进国家级、海区、省（自治区、直辖市）、港口（码头）和船舶五级应急预案构成的污染应急反应体系建设。本条所规定的船舶以及有关作业单位污染应急预案也是五级应急预案体系的一个组成部分。

一、本条第一款是关于船舶及有关作业单位制定防污染应急预案的规定

（1）关于船舶应急预案。《73/78 防污公约》附则 I 要求，150 总吨及以上的油轮和 400 总吨及以上的非油轮应配备经主管机关批准的《船上油污应急计划》；附则 II 要求，150 总吨及以上经核准载运有毒液体物质的船舶应配备经主管机关批准的《船上有毒液体物质海洋污染应急计划》。对于适用的船舶，《船上油污应急计划》可以与《船上有毒液体物质海洋污染应急计划》合并为《船上海洋污染应急计划》。在《船上油污应急计划》、《船上有毒液体物质海洋污染应急计划》、《船上海洋污染应急计划》的配备上，我国相关法律、法规、规章、规则的规定与国际条约的要求是一致的。《船上油污应急计划》、《船上有毒液体物质海洋污染应急计划》、

《船上海洋污染应急计划》的编写应符合国际海事组织制定的总则，并使用船上工作人员的工作语言，内容上应符合《船上油类和/或有毒液体物质污染海洋应急计划编制指南》和《73/78 防污公约》附则Ⅰ、附则Ⅱ相关条款的要求。

按照《73/78 防污公约》，以及我国相关法律法规的规定，中国籍船舶均已按要求编制完成了《船上油污应急计划》等相应的船上应急预案，并报经海事管理机构批准。本《条例》实施后，船上应急预案仍按原有关规定执行，《船上油污应急计划》、《船上有毒液体物质海洋污染应急计划》、《船上海洋污染应急计划》等污染应急计划依然有效，但须根据有关国际条约及海事管理机构的要求进行更新与完善。

(2)关于有关作业单位的防污应急预案。除船舶外，本条第一款还对有关作业单位的应急预案进行了规定。有关作业单位应根据作业范围和特点，评估作业过程中的污染风险，据此制定应急预案，并报海事管理机构批准。应急预案的制定应参照海事管理机构制定的《港口溢油应急计划编制指南》，应急预案的内容至少应包括目的、编制依据、适用范围、污染事故报告程序、应急组织指挥体系、应急反应资源情况、应急反应程序、通信联络、信息发布、应急人员培训、演习和修订等内容。

二、本条第二款是关于港口、码头、装卸站的经营人制定防污染应急预案的规定

根据本款的规定，港口、码头、装卸站的经营人必须结合本单位的实际情况，依照海事管理机构制定的《港口溢油应急计划编制指南》的要求，制定防治船舶及其有关作业活动污染海洋环境的应急预案，所制定的应急预案须报海事管理机构备案，以便海事管理机构了解港口、码头、装卸站应急预案的主要内容，掌握应急队伍、应急设施、设备、器材等的配备状况，从而在发生污染事故时

根据各级应急预案有效组织、协调应急行动的开展。海事管理机构收到报备的应急预案后，可以对应急预案的内容是否符合船舶污染事故应急处置的相关要求进行评估。对报备的应急预案，海事管理机构经过评估，认为不符合船舶污染事故应急处置要求的，海事管理机构应当及时与应急预案制定单位进行沟通。对未按照规定编制溢油应急计划的，海事管理机构应当按照《海洋环境保护法》的有关规定予以警告，或者责令限期改正。

船舶及有关作业单位、港口、码头、装卸站的应急预案一旦发生重大修改，应当立即送交海事管理机构重新批准或者备案。重大修改的情形包括船舶所有人、经营人或者船籍港的变更，有关作业单位、港口、码头、装卸站法人代表、应急组织指挥体系、应急反应资源情况、应急反应程序的变更等。

三、本条第三款是对船舶、港口、码头、装卸站以及有关作业单位开展应急演练的要求

应急演练对检验和保证应急预案的有效性具有重要的意义，通过应急演练可以保证相关责任单位或人员熟悉其职责，可以验证应急程序是否畅通、应急效果是否良好等。应急演练应按照相应应急预案确定的期限定期进行，但如果发生重大人事变动时，应尽快组织应急演练，以便新岗位人员能熟悉应急预案的相关要求。应急演练可以是桌面演练，也可以是实战演练，演练之前应事先制定演练方案或计划，应急演练结束后，组织应急演练的单位或部门应对演练的时间、地点、演练内容、参加人员、演练效果、存在的问题等情况进行记录。船舶、港口、码头、装卸站以及其他有关作业单位，应根据演练效果和演练过程中反映出的问题，及时对相应的应急预案进行修改完善。

第三章　船舶污染物的排放和接收

【本章提要】　本章共5条,是关于船舶污染物的排放和接收的规定。对于污染物的排放,国际海事组织(IMO)先后通过了MARPOL 73/78公约及其6个附则,并正在抓紧制定《控制和管理船舶压载水和沉积物国际公约》及其技术导则,对船舶污染物(船舶含油污水、含有有毒物质污水、船舶垃圾、生活污水、废气、压载水)的排放实施控制,对加强海洋环境保护起到了极为重要的作用。作为国际海事组织的A类理事国和MARPOL 73/78公约的缔约国,我国必须全面履行公约及其附则的各项要求,通过国内立法确保公约各项要求得以严格执行。此外,本章要求船舶必须将不能向海洋排放的船舶污染物交由港口接收设施或船舶污染物接收单位接收,并对接收作业做了相应的规定。

第十五条　船舶在中华人民共和国管辖海域向海洋排放的船舶垃圾、生活污水、含油污水、含有有毒物质污水、废气等污染物以及压载水,应当符合法律、行政法规、中华人民共和国缔结或者参加的国际条约以及相关标准的要求。

船舶应当将不符合前款规定的排放要求的污染物排入港口接收设施或者由船舶污染物接收单位接收。

船舶不得向依法划定的海洋自然保护区、海滨风景名胜区、重要渔业水域以及其他需要特别保护的海域排放船舶污染物。

【释义】　本条是关于对船舶污染物排放要求的规定。

一、本条第一款是关于船舶污染物排放应当符合相关要求的规定

根据本款规定，在中华人民共和国管辖海域内的任何国籍、任何类型的船舶及船舶所从事的任何作业与活动，均不得违反法律、行政法规、中华人民共和国缔结或者参加的国际条约以及相关标准的要求排放船舶垃圾、生活污水、含油污水、含有有毒物质污水、废气、压载水等可能造成海洋环境污染的物质。本条所称“船舶垃圾”系指产生于船舶正常营运期间并需要持续或定期处理的各种食品、生活和作业废弃物（不包括鲜鱼及其各部分）；本条所称“生活污水”系指任何型式的厕所和小便池的排出物和其他废弃物，医务室（药房、病房等）的洗手池、洗澡盆和这些处所排水孔的排出物，装有活动物的处所的排出物，或混有上述定义的排出物的其他废水；本条所称“含油污水”系指含有包括原油、燃油、油泥、油渣和炼制品在内的任何形式的石油成分的污水，如残油、机舱舱底水、货舱洗舱水、含油压载水等；本条所称“含有有毒物质污水”系指含有《国际散装化学品规则》第 17 或 18 条污染类一栏中所指明的或经临时评定列为 X、Y、Z 或 OS 类物质的货舱洗舱水或者压载水；本条所称“废气”系指船舶正常营运过程中产生的氮氧化物、硫氧化物、挥发性有机化合物以及臭氧消耗物质等；本条所称“压载水”系指为控制船舶横倾、纵倾、吃水、稳性或应力而加装到船上的水及悬浮物质。本条中“法律、行政法规和相关标准以及我国缔结或者参加的国际公约”主要包括《中华人民共和国环境保护法》、《中华人民共和国环境噪声污染防治法》、《中华人民共和国海洋环境保护法》、本条例、《船舶污染物排放标准》（GB 3552—83）、《船舶污染物接收和清舱作业单位接收处理能力要求》（JT/T 673—2006）、《73/78 防污公约》以及交通运输部和海事

管理机构颁布的规章和文件等。依照上述法律、行政法规和相关标准以及我国缔结或者参加的国际公约的规定,目前我国管辖海域内的船舶污染物排放标准如下:

(1)对于船舶排放含油污水:船舶在距最近陆地 12 海里以外的海域航行时可将机器处所产生的油类和含油混合物通过滤油设备向舷外排放,排出物含油量不得超过 15ppm。油船航行于距最近陆地 50 海里以外的海域且排油监控系统正在运转时,可将货油区域污油水舱内的油类或者含油混合物排入海中,但油量瞬间排放率不得超过 30 升/海里。对于 1979 年 12 月 31 日及以前交船的油船,其排入海中的总油量不得超过这项残油所属的该种货油总量的 1/15000,对于 1979 年 12 月 31 日以后交船的油船,其排入海中的总油量不得超过这项残油所属的该种货油总量的 1/30000。

(2)对于船舶排放含有毒液体物质的污水:船舶在距最近陆地 12 海里以外且水深不少于 25m 处海域航行,以及自航船航速不小于 7 节、非自航船航速不小于 4 节时,方可将所载的 X、Y、Z、OS 类有毒液体物质的残余物或者含有此类物质的压载水、洗舱水或者其他含有此类物质的混合物在水线以下通过水线以下排出口排放,排出速度不得超过排出口的最大设计速率。船舶按照本条前款规定排放时,应当按照海事管理机构批准的程序布置手册载明的程序进行。

(3)对于船舶排放垃圾:船舶在距最近陆地 12 海里以外时可以将食品废弃物排放入海;船舶在距最近陆地 3 海里以外时可以将业经粉碎或者磨碎且直径不大于 25mm 的食品废弃物排放入海。船舶不得将一切塑料制品或其他垃圾排放入海。如果垃圾与具有不同处理或者排放要求的其他排放物混在一起时,则应适用其中较为严格的要求。

(4)对于船舶排放生活污水:船舶在距最近陆地 3 海里以外

海域以不低于 4 节的航速航行时,可使用污水粉碎和消毒系统排放业经粉碎和消毒的生活污水,排出物在其周围的水中不应产生可见的漂浮固体,也不应使周围的水变色。船舶在距最近陆地 12 海里以外海域以不低于 4 节的航速航行时,可排放未经粉碎或者消毒的生活污水。船舶不得将集污舱中储存的生活污水即刻排光。

然而,虽然法律、行政法规和相关标准以及我国缔结或者参加的国际公约规定了船舶在中华人民共和国内水和领海内不得排放油类、有毒液体物质以及含有这些物质的压载水、洗舱水和其他混合物,但是非法排放的现象依然存在。为此,在本条例的相关配套规章中,拟建立铅封措施,即要求中国籍国内沿海航行船舶对船上含油污水的排放阀门实施铅封措施,并保证铅封的完好无损,而国际航行船舶在港停留 1 个月以上或者进入船厂修理的,应当对船上含油污水和生活污水的排放阀门实施铅封措施,并保证铅封的完好无损,以期真正实现中国内水和领海内油类"零排放"的目标。

二、本条第二款是关于污染物接收的规定

第二款所称"不符合前款规定"是指船舶及其所从事的任何作业活动产生的船舶垃圾、生活污水、含油污水、含有有毒物质污水、废气等污染物以及压载水,无法符合法律、行政法规、中华人民共和国缔结或者参加的国际条约以及相关标准的要求向海洋排放时的情形。在此种情形下,一方面为了防止发生船舶非法排放的现象,保障海洋环境;另一方面也是为了防止发生因船舶污染物储存舱过满而影响航行安全的现象,确保船舶的正常营运,本款规定上述污染物应当交由港口接收设施或者船舶污染物接收单位强制接收。港口接收设施系指本条例第十二条规定的"污染物接收设施";船舶污染物接收单位系指经依法批准的作业单位。目前对

于废气的强制接收作业，主要针对消耗臭氧物质以及挥发性有机化合物，即拆、修、造船厂应配备相应的接收和储存消耗臭氧物质的设施、设备。在进行相应的船舶拆修造作业时，涉及到船上消耗臭氧物质的，应予以接收和储存，严禁排放任何消耗臭氧的物质；对挥发性有机化合物释放进行控制的码头或装卸站，其装配的蒸气释放控制系统的性能须符合有关要求，负责操作的人员须经培训并能按要求进行正确操作。

海事管理机构应当对船舶污染物的排放加强监督管理，可以采取以下两种形式，对船舶污染物的排放是否符合法律、行政法规、中华人民共和国缔结或者加入的国际条约以及相关标准的要求进行核实：一是，通过船舶污染物的产生量与船舶污染物排放记录核对；二是，通过船舶污染物接收凭证与污染物接收单位接收量的核对。

三、本条第三款是对船舶污染物的禁排规定

根据《海洋自然保护区管理办法》的规定，海洋自然保护区是指以海洋自然环境和资源保护为目的，依法把包括保护对象在内的一定面积的海岸、河口、岛屿、湿地或海域划分出来，进行特殊保护和管理的区域。海洋自然保护区分国家级和地方级两种，国家级海洋自然保护区的范围和界线由国务院批准、划定并公布；地方级海洋自然保护区的范围和界线则由沿海省、自治区、直辖市人民政府批准、划定并公布。根据国务院批准的《海洋特别保护区管理工作方案》的规定，海洋特别保护区是指根据区域的地理条件、生态环境、生物与非生物资源的特殊性，以及海洋开发利用对区域的特殊需要，而划出的海洋区域；进而根据该区域的特殊性，采取特殊的保护措施和特殊的开发方式，以保证科学、合理、持续地利用该区域的各种海洋资源，发挥海洋资源、环境和空间的最佳综合效益。海洋特别保护区的宗旨是，在积极推进海洋资源、环境和空

间开发的同时，维持海洋自然景观和资源再生产能力，维护海区的良性生态平衡不被破坏并能得到改善。海洋特别保护区与海洋自然保护区的建设目的和管理方式均不相同，海洋特别保护区内的保护，不是单纯保护某一种资源或维护自然生态系统的原始性或现有状态，而是提供科学依据，对所有资源积极地采取综合保护措施，协调各开发利用单位之间及其与某一资源或多项资源的关系，以保证最佳的开发利用秩序和效果。与海洋特别保护区相比，海洋自然保护区是为保护某些原始性、存留性和珍稀性的海洋生态环境对象而设定的区域，侧重于保护对象的原始性、珍稀性和自然性，保护的是其原始自然状态，基本不涉及资源开发与社会发展。有些涉海行业主管部门为了保护单一的海洋资源或产业对象，也会按照国际公约或国内法律法规的规定设立了一些其他需要特别保护的海域，如渔业资源保护区、海滨风景名胜区等。在上述海域内船舶不得排放任何污染物，包括船舶在装卸、运输、运行过程中加注、产生、储存和排出的任何可能对环境造成污染损害的物质，包括本条第一款所明确的污染物以及船舶噪声、防腐涂料等。依法设立需要特别保护海域的，应当同时设置船舶污染物接收设施和应急设备器材，并应当就船舶污染物接收设施和应急设备器材的设置要求征求海事管理机构的意见。

第十六条　船舶处置污染物，应当在相应的记录簿内如实记录。

船舶应当将使用完毕的船舶垃圾记录簿在船舶上保留 2 年；将使用完毕的含油污水、含有毒有害物质污水记录簿在船舶上保留 3 年。

【释义】　本条是关于船舶记载污染物处置情况以及保留记录时间的规定。

船舶处置污染物的行为包括船舶污染物的收集、储存、转驳、排放(包括达标排放、紧急排放、接收排放等任何形式的排放)等任何涉及污染物操作的行为。根据本条规定,船舶应当按照有关国内法律法规和中华人民共和国缔结或者参加的国际条约的规定持有用于记载船舶污染物处置作业的文书、记录簿,如船舶吨位在150 总吨及以上的油船和 400 总吨及以上的非油船应当将含油污水的处置情况记载于《油类记录簿》中;船舶吨位在 150 总吨及以上的载运散装有毒液体物质的船舶应当将含有有毒有害物质污水的处置情况记载于《货物记录簿》中;而对于船舶吨位在 400 总吨及以上或者载客 15 人及以上的船舶应当将船舶垃圾的处置情况记载于《垃圾记录簿》中。对于国际公约或国内法律法规没有明确要求配备相应船舶污染物处置记录簿的,如船舶吨位在 150 总吨以下的油船和 400 总吨以下的非油船、150 总吨以下的载运散装有毒液体物质的船舶、载客 15 人以下的船舶等,应当将船舶处置污染物的行为记载于作业当日的航海日志或轮机日志中。

船舶在污染物处置结束后,应当按照记录簿的记录要求当场将处置情况如实记载于相应的记录簿中,包括污染物处置起始和结束的船位和时间、污染物处置的方式、污染物处置的种类和数量等情况,并签名确认。船舶如实、及时记载污染物处置情况,一方面是对船东自身的保护,防止因漏记、误记而产生非法排放污染物的嫌疑;另一方面也可方便主管机关对船舶污染物处置情况实施检查。

按照《73/78 防污公约》的要求,记载船舶垃圾收集、储存、处置情况的船舶垃圾记录簿应在最后一次记录完成后在船上保存 2 年,记载船舶含油污水、含有毒有害物质污水收集、储存、处置情况的油类记录簿、货物记录簿应在最后一次记录完成后在船上保存 3 年。本条例的规定与公约的要求完全一致。

海事管理机构在日常的监督检查中,可通过对污染物处置记录检查来了解、掌握船舶污染物的产生、留存和处置情况,对船舶污染物的处置数量的合理性进行核实，检查船舶污染物的去向是否符合规定。

第十七条　船舶污染物接收单位从事船舶垃圾、残油、含油污水、含有毒有害物质污水接收作业，应当依法经海事管理机构批准。

【释义】　本条是对船舶污染物接收单位从事船舶污染物接收作业进行许可的规定。

船舶污染物接收作业容易直接或间接造成海洋环境污染，因此规定应事先申请海事管理机构批准。海事管理机构在批准作业时应对作业单位的接收处理能力、从事作业的时间、地点、内容以及所采取的安全和防污染措施等进行审批，并对作业行为实施监督。

一、本条明确了接收作业的申请人

《中华人民共和国海洋环境保护法》第七十条虽然规定了接收作业的许可，但是对申请人进行没有明确，本条例在此基础上，将申请人明确为船舶污染物接收单位。

船舶污染物接收单位应当是依法批准可以从事污染物接收作业的单位。船舶污染物接收单位应按照《中华人民共和国海洋环境保护法》第六十二条第二款“从事船舶污染物、废弃物、船舶垃圾接收、船舶清舱、洗舱作业活动的，必须具备相应的接收处理能力”的规定，具备与其所从事的工作相适应的污染物接收以及污染物处理能力。为了方便船舶污染物接收单位申请以及方便船舶选择污染物接收单位，船舶污染物接收单位可采取向海事管理机构备案、申请海事管理机构对其具备的污染物接收处理能力审核并向社会公布的方式，以简化每次作业许可的申请程序和申请内容。

二、本条明确了接收作业许可的范围

根据本条的规定，污染物接收作业的许可范围仅包括船舶垃圾、残油、含油污水、含有毒有害物质污水等四类船舶污染物，而不是所有的船舶污染物。

三、本条明确了许可机关为海事管理机构

海事管理机构依法批准主要包括两个方面：一是，批准的条件要符合规定。本条例的配套规章将对这些许可条件予以进一步的明确。海事管理机构对于船舶污染物接受作业的审批，应当着重对船舶污染物接收单位实际具备的污染清除能力和该作业风险的匹配情况进行审核。二是，批准的程序要符合规定。

第十八条　船舶污染物接收单位接收船舶污染物，应当向船舶出具污染物接收单证，并由船长签字确认。

船舶凭污染物接收单证向海事管理机构办理污染物接收证明，并将污染物接收证明保存在相应的记录簿中。

【释义】　本条是关于船舶污染物接收作业结束后对污染物接收情况进行确认的规定。

本条第一款规定船舶污染物接收单位在污染物接收作业完毕后，应当向船舶出具污染物接收单证，单证上应注明作业单位名称、接收作业的开始和结束时间、地点、污染物种类、数量、经办人姓名、联系方式等内容，并加盖作业单位公章。船长应在污染物接收单证上签字，以对该作业予以确认。船舶污染物接收证明的用途包括以下几方面：一是用于核对船舶污染物的处置量和产生量是否相符，以判断船舶是否存在污染物去向不明的现象；二是用于监督船舶污染物接收作业是否经海事管理机构批准；三是用于证明船舶确实已将污染物交由经海事管理机构备案的具备接收处理

能力的船舶污染物接收作业单位接收处理。

本条第二款规定了对船舶污染物接收作业予以行政确认的要求。船舶在污染物接收作业完成后，应当在相应的记录簿中如实记载，并携带记录簿原件和复印件以及污染物接收单证到作业地所在海事管理机构办理污染物接收证明。污染物接收证明是用于确认污染物接收作业真实性的行政确认文书。海事管理机构在受理办证材料后，一方面，应当对船舶自上一次污染物处置作业结束之日起所产生的污染物进行核算，并与本次污染物处置量进行核对，以检查该船是否存在污染物去向不明的现象；另一方面，应当对从事船舶污染物接收作业的单位是否具备资质、污染物接收作业是否经海事管理机构审批同意等进行核实。如发现船舶污染物存在去向不明的现象的，则应当开展调查，一经查实，按照规定予以处罚。船舶应将船舶污染物接收证明保存在相应的记录簿中，如船舶垃圾接收证明应当保存于船舶垃圾记录簿中，船舶残油、含油污水接收证明应当保存于船舶油类记录簿中，含有毒有害物质污水接收证明应当保存于船舶货物记录簿中，以备各地海事管理机构检查。

第十九条　船舶污染物接收单位应当按照国家有关污染物处理的规定处理接收的船舶污染物，并按月将船舶污染物的接收和处理情况报海事管理机构备案。

【释义】　本条是关于船舶污染物接收单位处置所接收的污染物的规定。

近年来，船舶污染物接收单位不按照规定处理所接收的污染物的现象非常普遍，常见的有通过各种手段和途径，将污染物从管理相对规范的省市转移到管理相对薄弱的省市进行处理；或者使用简单的处理工艺将污染物进行处理，以减少处理成本等。上述污染物转移的做法对接受污染物的地方环境造成了威胁，而用简单工艺处理污染物的做法则往往会造成二次污染的严重后果。

海事管理机构的职责仅覆盖船舶污染物的收集、储存、转驳、达标排放、紧急排放、交由港口接收设施或者船舶污染物接收单位接收等行为,而对接收下来的船舶污染物的处理行为的管理,则是由有关环境保护主管部门负责。为了防止造成船舶污染物接收和处理作业之间管理的脱节,海事管理机构通过本条要求船舶污染物接收单位应当按照国家有关污染物处理的规定处理接收的船舶污染物,以实现与有关环境保护部门一起对船舶污染物实施闭环管理的目的。

国家有关污染物处理的规定可参照《中华人民共和国固体废物污染环境防治法》、《中华人民共和国水污染防治法》的有关规定,如收集、贮存、运输、利用、处置固体废物的单位和个人,必须采取防扬散、防流失、防渗漏或者其他防止污染环境的措施,不得在运输过程中沿途丢弃、遗撒固体废物。又如转移固体废物出省、自治区、直辖市行政区域贮存、处置的,应当向固体废物移出地的省级人民政府环境保护行政主管部门报告,并经固体废物接受地的省级人民政府环境保护行政主管部门许可。再如收集、贮存危险废物,必须按照危险废物特性分类进行,禁止混合收集、贮存、运输、处置性质不相容而未经安全性处置的危险废物,禁止将危险废物混入非危险废物中贮存等。

船舶污染物接收单位应每月将船舶污染物的接收处理情况报海事管理机构备案,内容包括船舶污染物接收单位名称、每次污染物接收作业的时间、地点、被接收船舶名称、污染物种类、数量、处理去向等。污染物处置单位应每月将污染物接受情况报备海事管理机构,内容包括污染物处置单位名称、每次污染物接收的时间、被接收船舶污染物接收单位名称、污染物种类、数量等。海事管理机构应当对船舶污染物的接收处理情况进行汇总,并核实船舶污染物是否得到了合法处理。

第四章　船舶有关作业活动的污染防治

【本章提要】　本章共15条，对船舶有关作业活动污染的防治进行了规定。本章所称的船舶有关作业活动包括货物装卸（过驳）、装箱、充罐和船舶污染物接收、船舶清舱、洗舱、修造、打捞、拆解以及船舶燃料（油料）供受、利用船舶进行水上水下施工等作业活动。本章还从防治船舶及其有关作业污染海洋环境的目标出发，规定船舶所有人、船舶经营人、货物托运人和码头、装卸站、船舶拆解或修造点在防治有关作业造成污染方面的义务和责任，并对从事污染清除作业单位以及从事船舶有关作业活动的相关人员提出了相应要求。

第二十条　从事船舶清舱、洗舱、油料供受、装卸、过驳、修造、打捞、拆解，污染危害性货物装箱、充罐，污染清除作业以及利用船舶进行水上水下施工等作业活动的，应当遵守相关操作规程，并采取必要的安全和防治污染的措施。

从事前款规定的作业活动的人员，应当具备相关安全和防治污染的专业知识和技能。

【释义】　本条是关于防治船舶有关作业活动造成污染的原则性规定。

本条第一款采用列举的方法明确了需要加强污染防治管理的船舶有关作业活动的范畴并明确了从事这些作业活动的原则性的要求。

根据本条规定，需要加强污染防治管理的船舶有关作业活动包括船舶装卸、过驳、清舱、洗舱、油料供受、修造、打捞、拆解和污染危害性货物装箱、充罐,以及利用船舶进行水上水下施工等作业活动。这些作业有的与船舶直接相关,如船舶清舱、洗舱、油料供受、修造、打捞、拆解等,有的与船舶作业的货物有关,如有污染危害性货物装卸、过驳、装箱、充罐等。海事管理机构长期监管经验表明,如果对这些作业疏于管理,容易造成污染危害,进行这些作业活动,除了需要遵守相关操作规程外,还需采取与作业相适应,并且有效的安全和防治污染措施,同时应有相关操作技能的人员完成。

"相关操作规程"是指主管机关、行业或企业制定的操作要求、指南或程序。相关作业活动采用特定的设备、特殊的程序,经过长期的实际的操作,成为业界认可的通用做法,并得到行业的认可或承认,可以视为"相关操作规程"。如规范油轮和油码头油类作业的《国际油船和油码头安全指南》,是油船、油码头作业必须遵守的基本要求;交通部颁布的《船舶污染物接收和清舱作业单位接收处理能力要求》(JT/T 673—2006)以及《海运危险货物集装箱装箱安全技术要求》(JT 672—2006)中规定的操作规程,是船舶污染物接收、清舱作业以及污染危害性货物装箱、充罐作业必须遵守的基本要求。一些企业根据自己的特点,可以自行制定操作规程,企业制定的操作规程一般不应低于行业的基本要求。作业活动的操作规程应当被严格遵守,有条件的机构可以将其纳入安全管理体系文件并接受审核和认证。

"必要的安全与防治污染的措施"是指作业单位从事有关作业活动时应当采取的与作业活动相适应的、能有效防治作业活动污染海洋环境的、最低程度的措施,包括海事管理机构在审批有关作业活动时认为必须采取的安全与防治污染的措施。由于各地的环境敏感程度不同,作业可能造成的危害程度也不尽相同,海事管理机构在充分考虑这些因素后可以公布一些在当地必须采取的防治污染措施，如船舶从事300吨及以上油类或相对密度小于1（相对于水）且不溶或微溶于水的散装液体污染危害性货物的装卸、过驳作业，应当采取围油栏布设或监护措施；载运散装液体污染危害性货物的船舶和1万总吨以上的其他船舶，其经营人应当在作业前或者进出港口前与取得污染清除作业资质的单位签订污染清除作业协议等。这些措施都有助于防止有关作业活动造成水域污染或一旦发生事故有利于应急，可减少事故造成的损害。作业单位要将这些安全与防污染措施纳入作业方案一并提交海事管理机构审核。

本条第二款是对从事前款作业活动的人员应当具备相关安全与防治污染专业知识和技能的要求。上述船舶作业活动具有较强的专业性和污染危害风险，要求作业人员具有相当的知识，因此，从事这些作业活动的人员应当具有与其所从事的作业活动相匹配的专业知识和技能，如自我防护、应急能力、特种设备使用等。同时，根据有关法律和行政法规的要求，部分从事作业活动人员应当经过相关专业培训并持有相应的培训合格证明。此外，从事船舶有关作业的单位其自身也应当根据实际需要建立相应的培训制度，积极开展对本单位从业人员的日常内部培训工作。需要特别说明的是，关于船员的培训工作在2007年9月1日起施行的《中华人民共和国船员条例》（国务院令第494号）中已有专门规定，船员的适任培训、特殊培训等船员的专业知识和技能培训应按照《中华人民共和国船员条例》和交通运输部颁布的相关规章规定执行。

第二十一条　船舶不符合污染危害性货物适载要求的，不得载运污染危害性货物，码头、装卸站不得为其进行装载作业。

污染危害性货物的名录由国家海事管理机构公布。

【释义】　本条是关于船舶载运污染危害性货物适载和装载

的规定。

污染危害性货物是造成海洋环境污染危害的重要污染源之一。作为运输污染危害性货物的船舶,应当符合载运相应污染危害性货物的运载要求,以防止因船舶本身的原因导致所载货物对海洋造成危害,因此本条规定,船舶不符合污染危害性货物适载要求的,不得载运污染危害性货物。

本条第一款中的"符合污染危害性货物适载要求"主要是指载运具有污染危害性货物的船舶,其结构与设备应能够防止或者减轻所载货物对海洋环境造成的污染。考虑到船舶的结构和设备均须通过海事管理机构或其认可的船舶检验机构的检验,并取得有效的技术证书和适装证书,船舶是否符合污染危害性货物适载要求,可以通过船舶是否持有相应的技术证书和所载的污染危害性货物是否在适装证书或者其他类似证书中列明来作出判断。

根据本条例的规定,船舶载运污染危害性货物进出港口应当申请海事管理机构批准,因此,根据本条第一款的规定,码头、装卸站应当在进行装卸作业之前,检查船舶是否符合污染危害性货物适载要求,并核验船舶是否持有经海事管理机构批准的船舶载运污染危害性货物的申报单,不得为未经海事管理机构批准的船舶进行装载作业。

根据本条第二款规定,污染危害性货物的名录由国家海事管理机构公布。污染危害性货物主要是指直接或者间接引入海洋环境,产生损害海洋生物资源、危害人体健康、妨害渔业和海上其他合法活动、损害海水使用素质和减损环境质量等有害影响的物质,包括《经1978年议定书修订的1973年国际防止船舶造成污染公约》、《国际海运危险货物规则》、《国际散装运输危险化学品船舶构造和设备规则》(IBC规则)、《散装运输危险化学品船舶构造和设备规则》(BC规则)、《国际散装运输液化气体船舶构造和设备规则》(IGC规则)、《散装运输液化气体船舶构造和设备规则》

(GC 规则)、《国际海上运输有毒有害物质损害责任及赔偿公约》(HNS 公约)及我国的相关规则中详细列明的物质。上述规则对载运不同性质和种类污染危害性货物的船舶结构与设备都作了具体明确的规定,所有载运污染危害性货物及其他危险货物的船舶应当取得相应的证书,方可承运证书规定的货物。对污染危害性货物名录进行公布,有助于相关各方更好地履行其在船载污染危害性货物安全和污染防治工作中的责任。国家海事管理机构作为中国政府向国际海事组织备案的唯一主管机关,长期以来负责上述公约、规则的履约工作,主管船舶载运污染危害性货物的监督管理工作,熟悉各类污染危害性货物的名称、特性,因此,本款明确污染危害性货物的名录由国家海事管理机构公布。

第二十二条　载运污染危害性货物进出港口的船舶,其承运人、货物所有人或者代理人,应当向海事管理机构提出申请。经批准方可进出港口、过境停留或者进行装卸作业。

【释义】　本条是关于载运具有污染危害性货物船舶进出港口以及过境和装卸作业的规定。

污染危害性货物是指直接或者间接引入海洋环境,产生损害海洋生物资源、危害人体健康、妨害渔业和海上其他合法活动、损害海水使用素质和减损环境质量等有害影响的物质。船舶载运污染危害性货物实施申报制度,包括货物适运申报和船舶适载申报,是世界各国海事管理机构普遍采用的监督管理制度,旨在通过货物所有人或承运人的申报及管理机关的审核程序,确保信息的真实性,使相关各方能够掌握此类货物的动态,并复核货物适运条件、船舶适载条件、码头安全作业条件以及货物在船舶上的积载情况,以保障人员、船舶、港口安全,防止船舶所载污染危害性货物对海洋环境造成污染,在发生意外事故时采取及时有效的应急措施。根据本条的规定,拟交付船舶运输的污染危害性货物,其承运人、货物所有人或代理人，必须向海事管理机构申报，经海事管理机构审核批准后，方可进出港口、过境停留以及进行货物装卸作业。

污染危害性货物和危险货物在许多情况下是重合的，即许多货物既是污染危害性货物同时也是危险货物，因此对污染危害性货物的监管目前是参照危险货物的监管制度执行的。具体来说，船舶载运污染危害性货物进出港口，承运人或者代理人应当在进出港之前提前24小时（航程不足24小时的，在驶离上一港口时）向海事管理机构办理船舶适载申报手续；货物所有人或者代理人应当在船舶适载申报之前向海事管理机构办理货物适运申报手续。货物适运申报和船舶适载申报经海事管理机构审核同意后，船舶方可进出港口、过境停留或者进行装卸作业。

货物所有人或者代理人在办理货物适运申报手续时，应当向海事管理机构提交以下材料：

1. 货物适运申报单；

2. 代理人办理的，货物所有人出具的有效授权证明；

3. 相应的污染危害性货物安全技术说明书、安全作业注意事项、人员防护、应急急救和泄漏处置措施等材料；

4. 按规定需要国家有关主管部门或者进出口国家的主管部门同意后方可载运的污染危害性货物，应当持有办理完有关手续的证明；

5. 交付运输下列污染危害性货物的还应当提交以下材料：

（1）装有污染危害性货物的集装箱，须提供有资质的集装箱装箱检查员签名确认的《集装箱装箱证明书》；

（2）装载包装污染危害性货物的，须提供包装和中型散装容器检验合格证明或压力容器检验合格证明书；

（3）使用可移动罐柜装运污染危害性货物，须提供罐柜检验合格证明；

（4）装载放射性污染危害性货物的，须提交放射性剂量证明；

(5)货物添加抑制剂和稳定剂的,须提交抑制剂和稳定剂的名称、数量、温度和有效期以及超过有效期时应采取的措施;

(6)装运限量污染危害性货物的,须提交限量证明;

(7)交付船舶载运污染危害性不明的货物,须提交国家海事管理机构认定的评估机构出具的污染危害性评估报告。

承运人或者代理人在办理船舶适载申报手续时,应当向海事管理机构提交以下材料:

1. 船舶载运污染危害性货物申报单;

2. 代理人办理的,承运人出具的有效授权证明;

3. (国际)防止油污证书、船舶适载证书、船舶油污损害民事责任保险或者其他财务保证证书;

4. 载运污染危害性货物的船舶在运输途中发生过意外情况的,应当在船舶载运污染危害性货物申报单内扼要说明所发生意外情况的原因,已采取的控制措施和目前状况等实际情况,并于抵港后送交详细报告;

5. 列明实际装载情况的清单、舱单或者积载图;

6. 拟进行装卸作业的港口、码头、装卸站。

定船舶、定航线、定货种的船舶可以办理定期申报手续,定期申报期限不超过1个月。办理定期申报的,除应当提交本条前款规定的材料外,还应当提交能证明固定船舶在固定航线上运输固定污染危害性货物的有关材料。

办理申报手续可以采用电子数据处理(EDP)或者电子数据交换(EDI)的方式。

第二十三条　载运污染危害性货物的船舶,应当在海事管理机构公布的具有相应安全装卸和污染物处理能力的码头、装卸站进行装卸作业。

【释义】　本条是关于载运污染危害性货物船舶装卸作业的

码头、装卸站的规定。

码头、装卸站是船舶进行货物装卸作业的场所,由于载运污染危害性货物的船舶具有的污染危害风险远大于其他船舶,而装卸作业是船舶运输过程中最容易发生污染损害的环节,因此,需要码头、装卸站具备一定的防护能力,并针对污染危害性货物的危害性质,采取必要的安全与污染防护措施。尤其是液货码头,由于液态污染危害性货物(油品、散装有毒化学品)具有更大的作业安全与环境污染风险,一旦码头不具备安全装卸条件,极易发生燃烧爆炸、毒害污染等事故;而且液态污染危害性货物种类多达数千种,每一种物质都有其独特的理化性质,可能造成不同的危害影响。此外,船舶在营运过程中所产生一些的污染物,如机舱的含油污水、垃圾、液货船的货舱洗舱水等,需要在码头、装卸站接收处理,特别是散装液态化学品船舶在码头卸载 X 类物质和高粘度、凝固性 Y 类物质后,必须在码头进行强制预洗作业,并将洗舱水排岸接收。因此,码头、装卸站需要针对不同的装卸货物品种和船舶靠泊等级,配置不同的防护设备,采取不同的防护措施,从而确保装卸作业安全,避免对海洋环境造成污染。我国加入的《73/78 防污公约》规定:“各缔约国政府应确保在其港口、码头和装卸站提供足以满足船舶使用需要的接收污染物的设施,而不造成对船舶的不当延误。”这些因素决定了载运污染危害性货物的船舶只能在有相应接收处理能力的码头、装卸站进行装卸作业。考虑到船舶本身无法判断码头、装卸站是否具有相应安全装卸和污染物处理能力,因此,本条规定了载运污染危害性货物的船舶应当在海事管理机构公布的具备安全装卸能力和污染物接收处理能力的码头和装卸站进行装卸作业。

根据本条规定,码头、装卸站是否具有相应安全装卸和污染物处理能力由海事管理机构公布。海事管理机构在公布前应当主要对码头和装卸站以下几个方面进行审核:一是专项验收的情况;二是污染物接收能力的情况；三是通航环境的情况；四是安全装卸能力的情况。码头、装卸站应当向海事管理机构提交具备相应安全装卸能力和船舶污染物接收能力的书面证明材料，海事管理机构可以组织对码头和装卸站进行评估。对具备相应安全装卸能力和船舶污染物接收能力的码头和装卸站，海事管理机构应当将对码头、装卸站可以装卸的污染危害性货物装卸品种、数量、船舶靠泊等级等内容向社会予以公布。码头、装卸站在海事管理机构公布后，应当保持相应安全装卸能力和船舶污染物接收能力，发生能力下降的情况时及时向海事管理机构报告。海事管理机构可以采取定期评估等方式加强对码头、装卸站的监督检查，发现码头、装卸站不再具备相应安全装卸能力和船舶污染物接收能力的，应当按照本条例的有关规定进行处置。码头、装卸站在海事管理机构公布后如要增加污染危害性货物的作业品种或者数量以及提高船舶靠泊等级的，应当向海事管理机构提交相关证明材料。

第二十四条　货物所有人或者代理人交付船舶载运污染危害性货物，应当确保货物的包装与标志等符合有关安全和防治污染的规定，并在运输单证上准确注明货物的技术名称、编号、类别（性质）、数量、注意事项和应急措施等内容。

货物所有人或者代理人交付船舶载运污染危害性不明的货物，应当由国家海事管理机构认定的评估机构进行危害性评估，明确货物的危害性质以及有关安全和防治污染要求，方可交付船舶载运。

【释义】　本条是关于货物所有人或其代理人交付船舶载运污染危害性货物的规定。

海上运输货物是物流的一个环节，在整个过程中，由于接触货物的人员和用于货物运输的交通工具不是固定不变的，有关货物信息的准确传递就变得非常重要，对危险、危害性货物尤其重要。

在货物运输中,单证、标记等是传递货物信息的载体:单证能够比较详尽记录货物的各种信息,是传递货物信息的主要载体;标记直接贴在包装或包件外部,配有醒目的通用图案,能够简明扼要表示货物的基本性质,有利于辨别普通货物和危险、危害性货物,是货物信息传递的重要载体。

本条第一款是关于交付船舶装运污染危害性货物的单证、包装、标志、数量限制等的规定。本款规定的目的在于从技术方面保障污染危害性货物的海运安全,防止因货物包装的破损、货物泄漏、混装、不当积载、超量运输等原因引发各类事故而导致对海洋环境的污染损害,并预防由于货物性质不明导致错误操作引起事故。根据本款的规定,凡交付船舶装运具有污染危害性的货物,其包装、标志、相关单证以及特定货物的数量限制,均应符合有关规定的要求,否则,海事主管部门有权禁止此类货物装船运输。常见的危险、危害性物质以及这些物质在海上运输过程中所要求的技术规范,载于《国际海运危险货物规则》和我国的《水路危险货物运输规则》中,这两个规则均对每类危险货物(含污染危害性货物)的包装、标志、运载以及对装运过危险货物而未彻底清洗或消除危害的"空包装"处理作了具体详细的规定,水路危险货物运输的各有关方均应严格遵守。

本条第二款是关于污染危害性不明的货物的评估规定。根据本款规定,凡污染危害性质不明的、可能会对海洋环境造成污染损害以及损害程度未确定的货物,其货物所有人或者代理人应事先按照《73/78 防污公约》和我国水路运输危险货物规则规定的程序进行评估,性质确定后方可按照相应的程序办理各项船运手续。承担该项评估工作的机构应当符合国家有关资质要求,熟悉船载污染危害性货物专业知识,具备一定的规模,并经国家海事管理机构认定。评估机构对货物的污染危害性进行评估并明确安全和防治污染的条件后,货物所有人或者代理人还应将评估结果递交海事管理机构，由海事管理机构对该货物的技术名称、编号、类别（性质）、数量、注意事项和应急措施等安全运输和防治污染的条件进行确认后，方可交付船舶载运。

第二十五条　海事管理机构认为交付船舶载运的污染危害性货物应当申报而未申报，或者申报的内容不符合实际情况的，可以按照国务院交通运输主管部门的规定采取开箱等方式查验。

海事管理机构查验污染危害性货物，货物所有人或者代理人应当到场，并负责搬移货物，开拆和重封货物的包装。海事管理机构认为必要的，可以径行查验、复验或者提取货样，有关单位和个人应当配合。

【释义】　本条是对船舶载运污染危害性货物的开箱查验规定。

随着货物运输的集装箱化，越来越多的具有海洋环境污染危害的物质以集装箱的形式交付船舶运输，在便利运输的同时，也给船舶和海洋环境、港口环境带来了新的安全和污染隐患，这就是污染危害性货物的瞒报谎报现象。瞒报谎报是本条所述的“污染危害性货物应当申报而未申报或者申报的内容与实际情况不相符合”的现象的俗称。近年来已发生多起因危险货物集装箱瞒报谎报造成船舶事故且难以处置，本条就是为了遏止和威慑污染危害性货物瞒报谎报现象的规定。

第一款是关于查验的前提、程序和方式的规定。根据本条规定，海事管理机构通过获取举报信息或分析从其他渠道得到的信息（如 EDI 电子申报系统），怀疑交付船舶载运的货物具有污染危害性而未申报，或者申报的内容不符合实际情况的，可以按照规定的程序采取开箱等方式查验。“应当申报而未申报”，一般指船舶载运污染危害性货物（包括污染危害性不明的货物）应当申报，但在装货港确定舱位之后或在卸货港或过境港抵达港口之后未向海事管理机关申报的行为。“申报的内容不符合实际情况”是指货物的技术名称、编号、类别或者性质、数量、注意事项和应急措施等内容与实际不符的行为。

开箱检查应该按照国务院交通运输主管部门规定的程序进行，目前海事管理机构主要依据中华人民共和国海事局《关于船舶载运危险货物集装箱开箱检查程序的指导意见》（海船舶〔2005〕234 号）进行开箱检查。

第二款是针对货物所有人、代理人以及其他有关单位和个人提出的要求。海事管理机构查验时，货物所有人、代理人以及其他有关单位和个人应当配合。港口经营人应当提供必要的开箱查验场地、专用车辆和设备、专业人员等，货物所有人或者代理人应当协调港口经营人、船舶负责搬移货物，开拆和重封货物的包装，并承担因开箱查验而产生的一切费用。海事管理机构认为必要时，也可以按照船舶载运危险货物集装箱开箱检查程序，在货物所有人或者代理人未到场的情况下，直接对货物开展查验、复验或者提取样样品。海事管理机构应当查验完成后及时通知当事人。

第二十六条　进行散装液体污染危害性货物过驳作业的船舶，其承运人、货物所有人或者代理人应当向海事管理机构提出申请，告知作业地点，并附送过驳作业方案、作业程序、防治污染措施等材料。

海事管理机构应当自受理申请之日起 2 个工作日内作出许可或者不予许可的决定。2 个工作日内无法作出决定的，经海事管理机构负责人批准，可以延长 5 个工作日。

【释义】　本条是关于对船舶申请进行散装液体污染危害性货物过驳作业许可的规定。

随着航运经济的发展，因大型船舶运输大宗散装液体货物可以节省成本而被广泛使用，从而船舶大型化趋势明显。受港口码头靠泊能力或者航道水深等条件限制，一些大型的液货船不能直接靠泊码头正常装卸作业，只能通过过驳作业的方式进行装卸货。海上散装液体污染危害性货物过驳作业往往容易发生事故，给海洋环境带来很大的威胁，而且一旦发生此类事故，往往是灾难性的，因此需要对散装液体污染危害性货物过驳作业进行更为严格的管理。"散装液体污染危害性货物"主要指散装油品、散装化学品、液化气等散装液态具有污染危害性质的货物。根据本条规定，在中华人民共和国管辖海域进行散装液体污染危害性货物过驳作业的船舶，货物所有人或者代理人（过驳作业经营人）应当事先向海事管理机构提交申请材料，包括作业申请书，内容包括作业双方资料、联系人、联系方式、作业时间、作业地点、过驳种类及数量，过驳作业经营人的资格证明，过驳方案和管理制度，拟采取的监护、应急和防污染措施；承运人应按照船舶载运污染危害性货物的相关规定进行申报。经海事管理机构批准后，方可作业。作业一方为水上储库或者浮式储油装置的，过驳作业经营人还应当提交作业点水域环境和通航影响评估报告。

对申请材料符合要求的，海事管理机构应当自受理申请之日起 2 个工作日内作出许可或者不予许可的决定。海事管理机构 2 个工作日内无法作出决定的，一般是需要通过评估才能作出许可决定的作业，例如特定水域过驳作业、多航次过驳作业或水上储库过驳作业，这些作业经海事管理机构负责人批准，答复时间可以延长 5 个工作日。其中，海事管理机构组织评估的时间不计算在前述时限内。

申请的过驳作业为加油作业的，海事管理机构应当按照当场许可的要求，尽快作出许可或者不予许可的决定。

第二十七条　依法获得船舶油料供受作业资质的单位，应当向海事管理机构备案。海事管理机构应当对船舶油料供受作业进

行监督检查，发现不符合安全和防治污染要求的，应当予以制止。

【释义】 本条是关于船舶供受油作业单位和船舶油料供受作业的规定。

以往，船舶燃料补给量不大，通常用油车从码头直接向船舶供油，随着船舶往大型化趋势的发展，单艘船舶需要补给的油料数量越来越大，有的达到数千吨甚至上万吨，这样大量的加油作业只能通过船舶进行，形成了船对船加油作业，这样的作业实际上和散装液态污染危害性货物海上过驳一样，风险很大，给水域环境带来巨大压力。借鉴国际上大多数国家对船舶加油作业的管理制度，我国实施从事船舶油料供应的单位向海事管理机构备案的管理制度。从事船舶供受油作业的单位应当首先依法取得相关资质，然后向海事管理机构备案。

船舶油料供受作业单位向海事管理机构备案，应当提交作业单位资质证明文件、公司安全管理体系文件（从事船岸加油的，可以提交相应的管理制度文件）、应急预案和应急设备物资清单、自有船舶的船舶证书、船上油污应急计划、船舶油污强制保险证书、船员适任证书及作业人员培训证书等材料，从事柴油等成品油供受作业的单位还应提交《成品油批发（零售）经营批准证书》。海事管理机构应定期向社会公布已经备案的供油单位及其作业船舶。

船舶进行油料供受作业前，作业双方应当严格按照供受油作业安全检查表的内容进行检查和填写，落实防污染措施，遵守安全和防污染相关规定。海事管理机构应当加强船舶油料供受作业的监督管理，对作业双方是否逐项严格落实了供受油作业安全检查表的内容等进行检查，发现不符合安全和防治污染要求的，海事管理机构应当予以制止。

第二十八条　船舶燃油供给单位应当如实填写燃油供受单

证，并向船舶提供船舶燃油供受单证和燃油样品。

船舶和船舶燃油供给单位应当将燃油供受单证保存3年，并将燃油样品妥善保存1年。

【释义】　本条是对船舶燃料供受双方有关供受单证、燃油样品保存的有关规定。

本条的相关要求与《73/78防污公约》附则VI的规定是一致的，旨在通过对燃油质量的控制，达到防止船舶污染大气的目的。

根据本条第一款规定，船舶燃油供给单位应当如实填写燃油供受单证，燃油供受单证应载明接受燃油供应船舶的名称和IMO编号、加油港口、供应日期时间、船用燃油供应商的名称和联系方式、产品名称、数量以及硫含量等信息。燃料供受单证正本交由船方保存，副本由供应单位留存。燃油样品应经双方确认，并存放在专用取样瓶中，贴好燃油供受双方签字的封条。

本条第二款是关于燃油供受单证和燃油样品保存时间的规定。燃油供受单证和燃油样品的保存，其目的一是为了帮助船舶所有人、经营人、燃油供应商以及海事管理机构履行《73/78防污公约》附则VI的要求，对燃油质量进行控制；二是为了在一旦发生因疑似燃油质量的原因导致的海损事故时，可作为证据供事故调查机构使用；三是为了一旦发生燃油污染海洋环境的事故，可以便于事故的调查处理。燃油供受单证应保存在船上容易取到的地方以供随时检查，它应在燃油供应上船之后保存3年；供应商保存燃油供受单证的副本至少3年以供海事管理机构检查和核实。燃油样品在船舶上要妥善保存1年。

第二十九条　船舶修造、水上拆解的地点应当符合环境功能区划和海洋功能区划，并由海事管理机构征求当地环境保护主管部门和海洋主管部门意见后确定并公布。

【释义】　本条是关于确定船舶水上拆解、修造地点的规定。

船舶水上拆解、修造与海洋环境及海上安全关系密切且影响重大，船舶水上拆解、修造的地点应当符合环境功能区划和海洋功能区划。“环境功能区划”，是指依据社会经济发展需要和不同地区在环境结构、环境状态和使用功能上的差异，对区域进行的合理划分。“海洋功能区划”，是指依据海洋自然属性和社会属性，以及自然资源和环境特定条件，界定海洋利用的主导功能和使用范畴。“环境功能区划”和“海洋功能区划”分别由环境保护主管部门和海洋主管部门编制。

船舶水上拆解作业具有较高的安全、环境和职业健康风险，废钢船上大量的有害废弃物，如油类、石棉制品、重金属、油漆等，也会给海洋环境造成严重威胁，因此，船舶水上拆解地点的设立，除了应当符合“环境功能区划”和“海洋功能区划”外，还必须满足相应的安全与环保技术条件和标准。2009 年 5 月在香港通过的《国际安全与无害环境拆船公约》规定：“各缔约国均应建立必要的立法、规则和标准，以确保拆船设施按照符合本公约规定的安全和环保方式予以设计、建造与运营；并应建立拆船设施批准机制，以确保此类拆船设施满足本公约的要求”；《中华人民共和国防止拆船污染环境管理条例》第五条规定：“地方人民政府应当根据需要和可能，结合本地区的特点、环境状况和技术条件，统筹规划、合理设置拆船厂。在饮用水源地、海水淡化取水点、盐场、重要的渔业水域、海水浴场、风景名胜区以及其他需要特殊保护的区域，不得设置拆船厂。”考虑到以上原因，本条规定海事管理机构在确定船舶水上拆解、修造地点时，应就船舶修造、水上拆解的地点是否符合环境功能区划和海洋功能区划问题征求环保、海洋主管部门的意见后再向社会公布。

第三十条　从事船舶拆解的单位在船舶拆解作业前，应当对船舶上的残余物和废弃物进行处置，将油舱（柜）中的存油驳出，

进行船舶清舱、洗舱、测爆等工作，并经海事管理机构检查合格，方可进行船舶拆解作业。

从事船舶拆解的单位应当及时清理船舶拆解现场，并按照国家有关规定处理船舶拆解产生的污染物。

禁止采取冲滩方式进行船舶拆解作业。

【释义】　本条是关于对船舶拆解作业污染防治的规定。

废钢船上大量的有害废弃物，如果不以安全与无害环境的方式加以拆解，将不可避免对作业安全、周围环境和工人健康造成严重危害。对此，《国际安全与无害环境拆船公约》规定："预定被拆解的船舶应当在驶入拆船设施之前，将船上货物残留、燃油残留和污水残留量降至最低；拆解作业开始前应接受主管机关的最终检验，持有完整的有害材料清单，并取得主管机关签发的适合拆解证书；经缔约国批准的拆船设施应仅接受符合本公约要求的船舶加以拆解"。此外，该公约还要求"经缔约国批准的拆船设施，应对每艘船舶所含有的任何有害材料以安全和无害环境的方式加以拆除，对从其所拆解船舶上拆除下来的所有有害材料与废弃物加以安全和无害环境管理，并且只能移交给经批准的、能以安全和无害环境的方式对此类废弃物进行处理的废弃物管理设施加以处置。"而我国《中华人民共和国防止拆船污染环境管理条例》第十一条则规定："拆船单位在废船拆解前，必须清除易燃、易爆和有毒物质，垃圾、残油、废油、油泥、含油污水和易燃易爆物品等废弃物必须送到岸上集中处理。"因此，废钢船必须满足公约关于有害材料清单、废弃物预清除等要求并取得适合拆解证书后，方能进入拆船设施加以拆解，且对拆解下来的所有有害材料和废弃物应当采取安全和无害环境的方式予以处理。

我国作为世界上主要的拆船国家之一，目前年拆解能力已达300万轻吨，近年来拆解量大幅增长，船舶拆解作业中的环境保护问题日益突出，因此，参照国际公约和国内法规相关规定，为保障船舶拆解作业安全,需要加强对防治拆船作业污染海洋环境的管理工作。

根据本条规定,拆解船舶在驶入拆船单位之前,应当向海事管理机构提交船舶污染物质报告书,内容包括船上留存的燃油和污染物的种类、数量和位置等,并在拆解作业开始之前,将有害材料清单报海事管理机构,取得海事管理机构签发的船舶适合拆解证明。拆船单位应当制定拆船设施管理计划,建立和实施安全和防污染作业规程。拆船单位在废船拆解前,必须清除船上易燃、易爆、污染危害性物质;垃圾、残油、废油、油泥、含油污水等污染物和废弃物应交由经海事管理机构公布的船舶污染物接收单位接收处理;为防止油类污染,拆船前要将燃油舱、货油舱中的存油驳出,交由船舶燃油供应单位处置,并关闭海底阀和封闭可能引起油污水外溢的管道。在拆解前,对燃油舱、货油舱必须进行洗舱、排污、清舱、测爆等工作,并由专业机构组织测验、评估,出具相应评估报告或证书(如测爆证书),并将相关测验数据和报告如实报告海事管理机构,经海事管理机构核准后,方可进行船舶拆解作业。"测爆"是指使用可燃气体浓度检测仪,测量可燃气体在环境中所占的体积百分比,从而确保可燃气体浓度在安全范围后再进行相关作业,是保障拆解作业安全、防止发生燃烧爆炸事故的重要手段。

在水上进行拆船作业的单位和个人,必须采取有效措施,严格防止溢出、散落水中的油类和其他漂浮物扩撒。一旦出现溢出、散落水中的油类和漂浮物,必须及时收集处理。拆下的船舶部件或者废弃物,不得投弃或者存放水中,带有污染物的船舶部件或者废弃物,严禁进入水中。未清洗干净的船底和油柜必须拖到岸上拆解。拆船作业中产生的电石渣及其废水,必须收集处理,不得流入水中。船舶拆解完毕,拆船单位和个人应当及时清理拆船现场。

禁止采取冲滩方式进行船舶拆解作业。因为船舶冲滩易造成船体破裂引起油类污染,冲滩还给船上人员的人身安全带来危险,所以禁止以冲滩方式进行船舶拆解作业。

第三十一条　禁止船舶经过中华人民共和国内水、领海转移危险废物。

经过中华人民共和国管辖的其他海域转移危险废物的，必须事先取得国务院环境保护主管部门的书面同意，并按照海事管理机构指定的航线航行，定时报告船舶所处的位置。

【释义】　本条是关于对利用船舶转移危险废物的规定。

第一款是关于禁止转移危险废物涉及海域的规定。本条规定“禁止经中华人民共和国内水、领海转移危险废物”。“中华人民共和国内水”，是指中华人民共和国领海基线向陆一侧的所有海域。“中华人民共和国领海”，是指邻接中华人民共和国陆地领土和内水，并处于中华人民共和国主权下的一定宽度的海域。中华人民共和国内水和领海是中华人民共和国领土的组成部分。“危险废物”，是指列入国家危险废物名录或者根据国家规定的危险废物鉴别标准和鉴别方法认定的具有危险特性的废物。对转移危险废物，本条规定“禁止经中华人民共和国内水、领海转移危险废物”，与《中华人民共和国固体废物污染环境防治法》第五十八条规定“禁止经中华人民共和国过境转移危险废物”，两者规定是一致的。

第二款是关于可以转移危险废物涉及海域的规定。本条规定“经中华人民共和国管辖的其他海域转移危险废物的，必须事先取得国务院环境保护主管部门的书面同意，并按照海事管理机构指定的航线航行，定时报告船舶所处的位置”。“中华人民共和国管辖的其他海域”，是指除中华人民共和国内水、领海以外，由中华人民共和国管辖的专属经济区等海域。“国务院环境保护主管部门”，是指国家环境保护部。转移危险废物的船舶取得环境保护部书面同意后，向海事管理部门出示书面证明，并提交船舶资料。船舶要按海事部门指定航线航行，并遵守船舶报告制定时报告船舶所处的位置，装有船舶自动识别系统（AIS）的还应启动系统保证海事机构随时可获得船舶动态。

第三十二条　使用船舶向海洋倾倒废弃物的，应当向驶出港所在地的海事管理机构提交海洋主管部门的批准文件，经核实方可办理船舶出港签证。

船舶在倾倒废弃物时，必须如实记录倾倒情况。返港后，应当向驶出港所在地的海事管理机构提交书面报告。

【释义】　本条是关于使用船舶倾倒废弃物的规定。

《中华人民共和国海洋环境保护法》第五十五条规定："任何单位未经国家海洋行政主管部门批准，不得向中华人民共和国管辖海域倾倒任何废弃物。"第六十条规定："倾倒废弃物的船舶必须向驶出港的海事行政主管部门作出书面报告。"为了切实做好使用船舶向海洋倾倒废弃物行为的监督管理，制定了本条规定。根据本条规定，使用船舶向海洋倾倒废弃物的单位，应当向驶出港所在地的海事管理机构提交海洋主管部门的批准文件，即倾废许可证。海事管理机构应当检查作业单位是否持有倾废许可证、是否符合倾废许可证的条件、实际装载的废弃物与许可证的记载是否一致、倾倒船舶是否符合要求等内容。经核实后，方可办理船舶出港签证。

船舶应当到指定的倾倒区进行倾倒作业。船舶应当在装载废弃物之后并在到达指定倾倒区域进行倾倒之前，报告海事管理机关予以核实。在得到海事管理机构核实认可之后，船舶方可进行倾倒。进行倾倒作业的船舶应当在倾倒作业期间，按照相关主管部门制定的记录表如实完整填写倾倒作业情况，并在倾倒作业完成返港后向所在驶出港的海事管理机构提交有关倾倒作业情况的书面报告。

第三十三条　载运散装液体污染危害性货物的船舶和1万总吨以上的其他船舶，其经营人应当在作业前或者进出港口前与取得污染清除作业资质的单位签订污染清除作业协议，明确双方在发生船舶污染事故后污染清除的权利和义务。

与船舶经营人签订污染清除作业协议的污染清除作业单位应当在发生船舶污染事故后，按照污染清除作业协议及时进行污染清除作业。

【释义】　本条是关于船舶与污染清除作业单位签订污染清除作业协议的规定。

鉴于1万总吨以上的其他船舶载有的船用燃油的数量较大，动辄上千吨，一旦发生因碰撞、搁浅、触礁等事故造成燃油舱破损导致燃油泄漏时，其污染物泄漏量将不亚于载运散装液体污染危害性货物的船舶，将会对海洋环境造成严重污染危害。为降低污染风险，除了要在防止事故发生上加强管理外，也应加强事故的应急防备工作，而船舶作为污染的主要来源，应当要求其首先承担污染事故的应急防备责任。但是，由于营运船舶自身配备的应急设备、器材极为有限，不足以应对较大的污染事故，为此，有必要要求船舶经营人在事故发生前与即将进出的港口或作业区域内的具备相应清污资质的单位签订污染清除协议，以保证在污染事故发生后能够及时启动协议，通过岸基清污单位的协助，有效地开展清污应急行动，以期将污染危害降低到最小程度。目前，船舶污染清除协议制度已在美国、加拿大、日本等国家和地区普遍实施。这些国家除了要求进入该国水域的船舶应当与当地专业清污单位签订污染清除协议外，还根据清污单位作业海域和清污能力的不同，将清污单位分为不同等级，并对清污单位实施了资质认可管理。本条及第三十四条即是我国根据国际通行做法，结合我国实际情况，为提高我国船舶污染事故应急防备反应能力建立的一项新的船舶污染清除协议制度，也是条例防治结合原则的具体体现。

本条第一款规定了载运散装液体污染危害性货物的船舶和1万总吨以上的其他船舶,其经营人应当在作业前或者进出港口前与取得污染清除作业资质的单位签订污染清除作业协议,明确双方在发生船舶污染事故后污染清除的权利和义务。该款明确了船舶污染清除协议制度的适用范围,仅为载运散装液体污染危害性货物的船舶和1万总吨以上的其他船舶。其中,载运散装液体污染危害性货物的船舶,主要包括油轮和散化船。尽管条例对其他船舶没有签订清污协议的强制要求,但是,为了便于事故发生后立即启动协议,要求而不必因为签订协议影响到应急反应速度和效果,鼓励本条例没有强制签订清污协议的船舶按照本条例的规定,事先与经过清污单位签订清污协议。该款明确了清污协议时间为船舶在作业前或者进出港口前就应当签订协议,而一旦发生事故就应当启动协议;适用的区域为我国管辖的水域,包括港口水域和港外水域,船舶进出港口或在港口内作业,或者在港外水域进行作业都应当适用本条规定,船舶在航行途中发生污染事故的,为降低其运行成本,又提高污染应急能力,当事故地点不在协议区域的,应当立即与就近港口的清污单位签订协议。

本款规定的签订协议的当事人为船舶经营人和清污单位,其中,清污单位是指依照本条例第34条取得海事管理机构许可的船舶污染清除单位。考虑到不同船舶类型和不同作业形式,其污染风险有着较大的区别,本着风险与清污能力相匹配的原则,低风险的船舶(考虑到船载油类数量多少)可以与低等级清污能力的清污单位签订清污协议,高风险的船舶要与高等级的清污单位签订清污协议。船舶污染清除单位不得超越许可的范围和等级与船舶签订污染清除协议。尽管船舶污染清除协议是船舶经营人与清污单位的双方民间协议,但是,由于协议内容直接关系到海洋环境保护和人民生命财产的安全,因此,本款要求协议内容应当能够明确双方在发生船舶污染事故后污染清除的权利和义务,至少包括以下内容:(1)船舶污染清除单位在船舶发生污染事故或造成污染威胁时,应当在协议区域内提供污染清除应急服务;(2)船舶污染清除单位应当在清污行动中,及时向船方通报清污行动进展情况,并按规定向海事管理机构报告清污动态;(3)船舶应当及时向船舶污染清除单位通报船舶污染事故情况,以及船上可利用的应急资源情况;(4)船舶污染清除单位接到清污请求后,到达清污现场的时间约定;(5)违约责任、协议适用法律,以及协议生效、终止条款,等等。

第二款规定了污染清除作业协议的履行要求,目的是通过要求清污单位在船舶污染事故发生后立即启动协议,及时履行协议,及时开展清污行动,确保清污行动的时效性。

第三十四条　申请取得污染清除作业资质的单位应当向海事管理机构提出书面申请,并提交其符合下列条件的材料:

(一)配备的污染清除设施、设备、器材和作业人员符合国务院交通运输主管部门的规定;

(二)制定的污染清除作业方案符合防治船舶及其有关作业活动污染海洋环境的要求;

(三)污染物处理方案符合国家有关防治污染的规定。

海事管理机构应当自受理申请之日起30个工作日内完成审查,并对符合条件的单位颁发资质证书;对不符合条件的,书面通知申请单位并说明理由。

【释义】　本条是关于污染清除单位资质许可的规定。

污染清除单位资质许可是船舶污染清除协议制度中的重要管理环节之一,清污单位的服务区域与清污能力大小直接关系到船舶污染事故应急处置的效果,因此,本条旨在明确清污单位资质认可标准和资质认可的行政许可程序等要求。

第一款规定了污染清除单位资质认可应满足的条件要求和需

提交的相应材料。污染清除单位除应当提交资质认可书面申请外,还应满足以下条件:

(1)配备的污染清除设施、设备、器材和作业人员应当符合国务院交通运输主管部门的规定,相关规定将主要体现在本条例的相关配套规章之中。根据清污单位能够提供的服务区域和能够应对污染事故大小,将清污单位设定了不同的等级,不同等级的清污单位应当与相应的风险的船舶签订协议。清污单位的清污能力取决于其配备的污染清除设施、设备、器材和作业人员,也取决于其内部管理和应急预案情况。清污单位配备的污染清除设施、设备、器材应当从数量和性能上满足交通运输主管部门的标准,清污单位应当具有符合规定要求的作业人员。作业人员分为污染清除操作人员、现场指挥人员、高级应急指挥与决策人员。从事污染清除的作业人员应当经过应急反应基本知识和技能的培训,现场指挥人员、高级应急指挥与决策人员还应当经过专门的培训。

(2)清污单位制定的污染清除作业方案符合防治船舶及其有关作业活动污染海洋环境的要求。清污单位应当按照交通运输部的规定建立安全与防污染管理体系,以及污染事故应急预案,制定的清除作业方案除应当满足有关法律、法规和标准规范中关于防治船舶及其有关作业活动污染海洋环境的要求之外,还应当与政府和有关主管部门的污染应急预案相符,确保事故发生后其污染清除行动符合海洋环境保护的要求。此外,污染清除作业方案还需满足拟清除污染物的相应技术要求。

(3)清污单位制定的污染物处理方案应当符合国家有关防治污染的规定。为防止二次污染,清污单位应当将收集到的污染物和清污过程产生的污染物按照国家有关防治污染的规定进行处置。国家有关污染物处理的规定可参照《中华人民共和国固体废物污染环境防治法》的有关规定,如收集、贮存、运输、利用、处置固体废物的单位和个人,必须采取防扬散、防流失、防渗漏或者其他防止污染环境的措施，不得在运输过程中沿途丢弃、遗撒固体废物。收集、贮存危险废物，必须按照危险废物特性分类进行。禁止混合收集、贮存、运输、处置性质不相容而未经安全性处置的危险废物。禁止将危险废物混入非危险废物中贮存。

第二款规定了清污单位资质认可的办事程序和时限要求。具体的行政许可程序应当按照《交通行政许可实施程序规定》的有关要求办理，包括具体的受理单位、审批单位，受理审批程序等规定。受理申请材料后，海事管理机构应当组织对申请单位是否符合资质条件进行审查，审查包括材料审查和现场核验，审查时限为30个工作日。对符合条件的，海事管理机构应当给予颁发资质证书；对不符合条件的，书面通知申请单位并说明理由。海事管理机构应当及时将本辖区内已经批准的清污单位的名称、等级和服务范围向社会公布，清污单位应当在批准的服务范围内提供服务。

第五章　船舶污染事故的应急处置

【本章提要】 本章是关于船舶污染事故应急处置的规定。

1983 年《中华人民共和国防止船舶污染海域管理条例》第二章的部分条款对船舶发生油类、油性混合物和其他有毒害物质造成污染事故后的报告、采取措施、赔偿责任等进行了较为原则的规定。随着我国经济的持续发展,我国沿海水上交通运输量迅猛增长,沿海航行船舶数量持续增加,通航环境日趋复杂,因船舶碰撞、触礁、搁浅等引发的船舶溢油事故风险不断加大。同时,近年来我国沿海水域的有毒有害货物运输量也迅速增长,这些物质由于具有有毒有害的特性,一旦发生泄漏,对海洋环境造成的危害十分巨大。因此,对船舶污染事故进行有效的应急处置,是十分必要和紧迫的,对我国的海洋环境保护工作具有重要的现实意义。本章共9 条,对船舶污染事故的应急处置作出了详细规定。本章对船舶污染事故的定义及分类进行了界定,并按照船舶污染事故的等级,对船舶污染事故应急指挥机构的成立、船舶污染事故的报告内容及程序等进行了规定。本章规定,船舶污染事故是指船舶及其有关作业活动发生油类、油性混合物和其他有毒有害物质泄漏造成的海洋环境污染事故。根据船舶溢油量、造成的直接经济损失数额将船舶污染事故划分为特别重大、重大、较大和一般事故四个等级,明确了不同等级船舶污染事故的划分标准,根据不同等级事故成立相应的事故应急指挥机构,并明确了事故应急指挥机构的职责权限,规定了事故报告的程序和内容。污染事故发生后,船舶、海事管理机构、设区的市级以上地方人民政府应当立即启动相应的应急预案，按照应急预案的分工，做好相应的应急处置工作。根据应急处置的需要，海事管理机构、设区的市级以上地方人民政府可以征用有关单位和个人的船舶、防污染设施、设备、器材以及其他物资。船舶发生污染事故后，海事管理机构可以采取清除、打捞、拖航、引航、过驳以及其他必要措施，避免或者减轻污染损害。

第三十五条　船舶污染事故是指船舶及其有关作业活动发生油类、油性混合物和其他有毒有害物质泄漏造成的海洋环境污染事故。

【释义】　本条是对船舶污染事故定义的规定。

明确界定船舶污染事故，是事故应急处置、调查处理等工作的前提。为明确船舶污染事故的范围，本条对船舶污染事故进行了定义。按照本条的规定，船舶污染事故系指油类、油性混合物和其他有毒有害物质泄漏造成的海洋环境污染损害事件。油类，是指任何类型的油及其炼制品；油性混合物，是指任何含有油类成分的混合物。其他有毒有害物质，是指能对海洋环境或人类健康造成危害的，除油类和油性混合物以外的其他物质，主要包括《经1978年议定书修订的1973年国际防止船舶造成污染公约》附则Ⅱ所述的散装运输的有毒液体物质、《国际散装危险化学品运输船舶构造和设备规则》中所列的散装运输的危险液体物质、《国际海运危险品规则》所规定的包装形式的危险和有害物质及物品、《国际散装液化气体运输船舶构造和设备规则》中所列的液化气体、《固体散装货物安全操作规则》所规定的具有化学危害性的固体散装材料等等。发生船舶污染事故的原因是多种多样的，船舶发生海损事故，船员的操作行为，船舶装卸货物、加装油料，以及船舶修造、拆解等有关作业活动过程中，都可能导致油类、油性混合物和其他有毒有害物质泄漏而引发船舶污染事故。

对本条的理解，需要注意的是船舶排放不含油类、油性混合物和其他有毒有害物质的垃圾、压载水等物质的，不属于船舶污染事故。但是船舶排放含有油类、油性混合物和其他有毒有害物质的垃圾、压载水等造成海洋环境污染损害的，属于本条例定义的船舶污染事故，应依据本条例相关条款的规定予以处理。此外，实施本条时还要注意事故与事件的区别，对于污染事故的起算点，要统筹考虑船舶污染物的种类、受污染区域的敏感性、污染损害大小以及对社会影响程度、危害等因素。

第三十六条　船舶污染事故分为以下等级：

(一)特别重大船舶污染事故，是指船舶溢油1000吨以上，或者造成直接经济损失2亿元以上的船舶污染事故；

(二)重大船舶污染事故，是指船舶溢油500吨以上不足1000吨，或者造成直接经济损失1亿元以上不足2亿元的船舶污染事故；

(三)较大船舶污染事故，是指船舶溢油100吨以上不足500吨，或者造成直接经济损失5000万元以上不足1亿元的船舶污染事故；

(四)一般船舶污染事故，是指船舶溢油不足100吨，或者造成直接经济损失不足5000万元的船舶污染事故。

【释义】　本条是关于船舶污染事故等级的规定。

污染事故等级是启动相应应急预案的依据，也是确定组织事故调查主体的依据。同时，包括行政处罚、索赔程序等在内的后续事故处置工作都与事故等级相关。

我国事故等级主要是根据事故造成的人员伤亡和直接经济损失数额，划分为特别重大事故、重大事故、较大事故、一般事故四个等级。长期以来，我国的船舶污染事故等级划分是依据2001年8月31日发布，2001年12月1日开始实施的中华人民共和国交通行业标准《船舶油污染事故等级》(JT/T 458—2001)。该标准根据船舶污染事故的实际特点，按照货油、船用油、油性混合物的入水量和经济损失，将油污染事故划分为重大事故、大事故、一般事故、小事故。近年来，由于航运发展，尤其是海上油类货物运输的发展，上述标准已经不适应当前的状况，应当进行修订。为合理确定船舶污染事故等级，有关主管部门对过去 30 年来发生在我国沿海水域的船舶污染事故进行了统计分析。根据统计分析结果和我国沿海航运形势的发展趋势，结合我国的实际情况，并参照了《生产安全事故报告和调查处理条例》、《铁路交通事故应急救援和调查处理条例》等相关法规，以及国际上有关船舶污染事故的分级标准，本条对船舶污染事故的等级进行了划分。按照本条规定，船舶污染事故分为特别重大船舶污染事故、重大船舶污染事故、较大船舶污染事故和一般船舶污染事故四个等级。考虑到船舶污染事故以油类污染事故为主，事故等级的划分采用了溢油量标准或者经济损失标准的二选一的确定方式。这样规定既保持了国家在事故等级划分标准上的统一和协调，又兼顾了船舶污染事故的特点，以及船舶污染事故应急和调查处理工作的实际需要。

对于本条的理解，应注意以下几点：

一是按照本条的规定，事故等级划分依据溢油量和经济损失两项指标确定，两项指标只需满足其中一项即可确定其事故等级。

二是对溢油造成的船舶污染事故而言，其溢油量应为因溢油事故而导致泄漏入海的纯油品数量。

三是除了油类物质之外的其他有毒有害物质造成的船舶污染事故的等级，按照直接经济损失确定。

四是关于直接经济损失的界定。直接经济损失是指与污染事故有直接因果关系而造成的财产毁损、减少的实际价值。包括清污费用、采取预防措施的费用、财产损失、环境损害恢复费用等等。应该注意的是，按照国际惯例和司法实践，能够得到赔偿的船舶污染损害必须满足以下条件：

(1)实际发生的费用和损失；

(2)防治措施所涉及的费用必须经确认是适当的和合理的；

(3)索赔人的费用、损失，需被确认是由于污染事故而引发的；

(4)索赔所涉及的费用、损失或损害与污染事故之间必须存在因果关系；

(5)只有当其遭受的经济损失可以量化的情况下，索赔人才有权获得赔偿；

(6)索赔人在证明其损失或损害金额时，必须出具适当的证明材料或其他相关证据。

五是本条所称的“以上”包括本数，“以下”不包括本数。

六是条例实施后，事故等级不再按照《船舶油污染事故等级》(JT/T 458—2001)的规定确定。

第三十七条　船舶在中华人民共和国管辖海域发生污染事故，或者在中华人民共和国管辖海域外发生污染事故造成或者可能造成中华人民共和国管辖海域污染的，应当立即启动相应的应急预案，采取措施控制和消除污染，并就近向有关海事管理机构报告。

发现船舶及其有关作业活动可能对海洋环境造成污染的，船舶、码头、装卸站应当立即采取相应的应急处置措施，并就近向有关海事管理机构报告。

接到报告的海事管理机构应当立即核实有关情况，并向上级海事管理机构或者国务院交通运输主管部门报告，同时报告有关沿海设区的市级以上地方人民政府。

【释义】　本条是关于船舶污染事故应急与报告的规定。

一、本条第一款是对发生污染事故船舶采取应急措施和向海事管理机构报告的规定

船舶污染事故发生后，必须在尽可能短的时间内采取控制和消除污染的措施，以防止污染扩散，造成更严重的污染损害。根据本款的规定，船舶在我国管辖海域内发生污染事故，必须立即启动《船上油污应急计划》、《船上有毒液体物质海洋污染应急计划》或《船上海洋污染应急计划》等应急预案，并按照预案的要求，采取措施控制和消除污染。同时，要向就近的海事管理机构报告事故情况，以便启动相应的应急预案，及时采取相应的应急处置措施。此外，考虑到由于船舶污染事故的易扩散性，在我国管辖海域外发生的船舶污染事故也可能会因污染物的漂移、扩散造成我国管辖海域污染，本款还规定，在中华人民共和国管辖海域外发生船舶污染事故造成或者可能造成中华人民共和国管辖海域污染的，发生污染事故的船舶也应立即启动《船上油污应急计划》等应急预案，按照预案的要求，采取措施控制和消除污染，并向就近的海事管理机构报告。本款的规定与我国加入的《1969 年国际干预公海油污事故公约》以及《1973 年国际干预公海非油类物质污染议定书》确立的原则一致。

二、本条第二款规定了码头、装卸站、船舶发现可能对海洋环境造成严重污染危害情况时的处置和报告义务

可能对海洋环境造成严重污染危害的情况，包括发生事故，以及发生或存在可能导致污染事故的险情。船舶及其有关作业活动发生污染事故或出现污染险情，最先发现的除当事船舶本身外，还可能是其靠泊的码头、装卸站，或者与其比邻的其他船舶。因此，码头、装卸站、当事船舶，或者当事船舶周围的其他船舶在发现污染事故或污染险情后能否立即采取应急处置措施，对能否快速有效地控制污染是至关重要的。根据本款的规定，码头、装卸站、船舶发现船舶及其有关作业活动可能对海洋环境造成严重污染危害的，应当立即采取相应的应急处置措施，并向就近的海事管理机构报告。应急处置措施包括立即通知发生污染事故或污染险情的责任方控制污染，并启动本《条例》第十六条规定的应急预案，按照应急预案采取应急行动。本条第一、二款所要求的报告的内容应当参照本条例第三十八条的规定。

三、本条第三款是对接到船舶污染事故报告的海事管理机构的要求

海事管理机构是防治船舶污染的主管机关，海事管理机构接到船舶污染事故报告后，应立即核实有关情况，对事故情况作出评估。对确认是船舶污染事故的，应当按规定向上级海事管理机构或者国务院交通运输主管部门报告，同时报告事故发生地设区的市级以上地方人民政府，以启动相应的应急预案。对确认不是船舶污染事故的，则应当将情况记录后归档，涉及非船舶源的污染事故应将情况通报给相关主管部门。本款中事故报告应按照相应应急预案中的规定进行，报告内容应尽可能详细。

第三十八条　事故报告应当包括下列内容：

（一）船舶的名称、国籍、呼号或者编号；

（二）船舶所有人、经营人或者管理人的名称、地址；

（三）发生事故的时间、地点，气象和水文情况；

（四）事故原因或者原因的初步判断；

（五）船舶上污染物的种类、数量、装载位置等概况；

（六）污染程度；

（七）已经采取或者准备采取的污染控制、清除措施和污染控制情况以及救助要求；

（八）国务院交通运输主管部门规定的应当报告的其他事项。

事故报告后出现新情况的，船舶、有关单位应当及时补报。

【释义】　本条是对船舶污染事故报告内容的规定。

污染事故发生后，船舶及有关单位及时按照相关程序向海事管理机构如实报告事故相关情况，是海事管理机构对事故进行核

实,确定船舶污染事故等级、调查事故原因的主要依据,也是有关单位或部门启动应急预案,制定应急方案、采取应急措施,以有效处置船舶污染事故,防止污染损害扩大的重要依据。因此,船舶污染事故报告的内容,对事故的应急处置非常重要。根据本条第三十七条及本条的规定,船舶及有关单位向海事管理机构的报告根据污染事故应急反应和调查处理的阶段,分为初始报告、过程报告和最终报告。在事故初始阶段,报告的内容由事态紧急,可能会信息不全,随着事故的进展,船舶应当及时补充报告,在事故结束后,船舶及有关单位还应当向海事管理机构提交较为全面的船舶污染事故报告。根据本条的规定,船舶及有关单位的报告内容应当至少包括本条第一款(一)至(七)项的内容,另外,船舶及有关单位根据国务院交通运输主管部门的规定,还可能要求报告的内容如下:

1. 第(一)项内容主要是船舶的基本情况。除本项所列船舶的名称、国籍、呼号或者编号外,还应根据事故情况报告船舶相关的技术参数,比如船长、船宽、总吨、载重吨等,船舶的种类和构造,建造和改建时间等等。

2. 第(二)项内容主要是船舶所有人的相关情况。包括船舶所有人、经营人或者管理人的名称、地址、联系方式。如船舶有多个所有人的,应详细说明。此外,船舶所有人的相关情况还应包括船舶保险情况,并说明保险种类、保险人、保险额等事项。

3. 第(三)项内容主要是事故的基本情况。事故基本情况应尽可能详细,以便使主管部门准确掌握事故信息。事故基本情况包括发生事故的时间、地点,事故的发生过程,现场的气象和水文情况等。

4. 第(四)项内容主要是关于事故原因。事故原因明确的应在事故报中详细说明,事故原因尚不确定的,应在事故报告中对事故原因进行初步分析和判断,以便主管部门制定应急措施时参考。

5. 第(五)项内容主要是污染物的基本情况。报告中应说明船舶上污染物的种类、数量、装载位置等概况,并说明污染物泄漏情况,包括泄漏污染物的种类、数量、危害性、泄漏位置、泄漏速度等。

6. 第(六)项内容主要是事故造成的污染损害情况。污染程度应说明污染面积,污染区域附近的养殖区、自然保护区等敏感资源情况及其受损情况。

7. 第(七)项内容主要是采取措施情况。采取措施情况主要包括已经采取或者准备采取的污染控制、清除措施情况,包括采取措施的先后顺序、取得了什么效果,还需要哪些救助或应急要求等。

本条第二款是关于事故补充报告的规定。由于船舶污染事故受到气象、海况等自然条件的影响,会发生扩散、漂移等变化,根据本款规定,当事船舶、有关单位对船舶污染事故的动态负有跟踪义务,事故报告后出现新情况的,船舶应当及时、全面地将新情况进行补报。补充报告对于有关单位或部门根据事故动态,按照应急预案及时调整应急处置措施具有十分重要的意义。事故报告后出现的新情况包括污染损害进一步扩大、污染物泄漏数量继续增加、事故原因得到确认、事故引发了其他新的险情、初始报告的情况有误等等。

第三十九条　发生特别重大船舶污染事故时,国务院或者国务院授权国务院交通运输主管部门成立事故应急指挥机构。

发生重大船舶污染事故时,有关省、自治区、直辖市人民政府应当会同海事管理机构成立事故应急指挥机构。

发生较大船舶污染事故和一般船舶污染事故时,有关设区的市级人民政府应当会同海事管理机构成立事故应急指挥机构。

有关部门、单位应当在事故应急指挥机构统一组织和指挥下,按照应急预案的分工,开展相应的应急处置工作。

【释义】　本条是关于成立船舶污染事故应急指挥机构、开展应急处置工作的规定。

事故应急指挥机构是统一组织和指挥船舶污染事故应急处置工作的机构。船舶污染事故发生时，在事故应急指挥机构的统一组织和指挥下，可以保证应急处置工作有序、高效开展。《中华人民共和国突发事件应对法》第四条规定，国家建立统一领导、综合协调、分类管理、分级负责、属地管理为主的应急管理体制。《中华人民共和国海洋环境保护法》第十八条第一款及第五款分别规定，国家根据防止海洋环境污染的需要，制定国家重大海上污染事故应急计划。沿海县级以上地方人民政府及其有关部门在发生重大海上污染事故时，必须按照应急计划解除或者减轻危害。由此可见，海上船舶污染事故应急的组织和指挥权在于国务院以及地方人民政府，或者国务院授权的国务院交通运输主管部门。只有这样，才有利于调动社会应急力量参加应急行动和充分发挥社会应急力量的积极性。但是，由于海事管理机构是防治船舶污染海洋环境的主管机关，加之船舶污染事故的应急处置具有较强的专业性和特殊性，因此本条规定地方人民政府应当会同海事管理机构成立船舶污染事故应急指挥机构。

国务院交通运输主管部门、沿海设区的市级以上地方人民政府应当根据本《条例》第六条制定应急预案，成立事故应急指挥机构，并将事故应急指挥机构向社会公布。当发生船舶污染事故时，根据不同的事故等级，国务院交通运输主管部门、事故发生地及遭受或可能遭受船舶污染事故影响的设区的市级以上地方人民政府、海事管理机构接到事故报告后，应立即启动相应的应急预案，成立相应的事故应急指挥机构，行使应急指挥职能，并按照程序指令现场指挥机构开展应急行动。相应的应急预案启动后，国务院交通运输主管部门、有关省、自治区、直辖市、设区的市级地方人民政府、海事管理机构，以及应急预案中确定的其他成员单位，应按照应急预案中的职责分工，根据应急指挥机构的指令，及时展开船舶污染事故的应急处置工作。

按照本条规定，发生特别重大船舶污染事故时，由于事故的影响及污染损害程度重大，在事故应急处置时，可能需要指挥、协调全国的应急力量，甚至需要组织开展国际或区域性应急合作。因此，对于特别重大船舶污染事故，事故应急指挥机构应由国务院或者由国务院授权国务院交通运输主管部门组织成立，这类国家级事故应急指挥机构应由国务院其他相关部门、中国人民解放军和中国人民武装警察部队等构成。重大、较大和一般船舶污染事故的应急指挥责任在相关地方人民政府，相应的应急指挥机构应由相关地方人民政府会同海事管理机构成立。其中，重大船舶污染事故的应急指挥机构由有关省、自治区、直辖市人民政府会同直属海事管理机构成立；较大和一般船舶污染事故，由有关设区的市级人民政府会同相应海事管理机构成立。与船舶污染事故有关的地方人民政府，通常情况下是指事故发生地所归属的省、自治区、直辖市人民政府，或者设区的市级人民政府，也包括受到或可能受到事故影响的其他海域所属的地方各级政府。

第四十条　船舶发生事故有沉没危险时，船员离船前，应当尽可能关闭所有货舱（柜）、油舱（柜）管系的阀门，堵塞货舱（柜）、油舱（柜）通气孔。

船舶沉没的，其所有人、经营人或者管理人应当及时向海事管理机构报告船舶燃油、污染危害性货物以及其他污染物的性质、数量、种类、位置等情况，并及时采取措施予以清除。

【释义】　本条是关于船舶沉没时污染应急处置的规定。

一、本条第一款是关于船舶发生事故有沉没危险时，船员离船前应采取措施的规定

船舶一旦发生沉没事故，船舶装载或存储的油类及其他污染危害性物质将会从沉船泄漏入海，从而造成污染事故。因此，在船舶发生事故有沉没危险时，船员离船前积极采取防控溢油的措施，对于防止沉船发生污染事故，或者减轻沉船对海洋环境造成的污染损害，具有十分重要的意义。

根据本条第一款的规定，船舶发生事故有沉没危险时，船员在离船前，应当尽可能采取关闭所有货（油）舱（柜）管系的阀门、堵塞货（油）舱（柜）通气孔等措施。“尽可能”意为船员有义务采取上述措施，并视船舶沉没的紧急程度，在保证人身安全的情况下，在离开船舶之前完成。

“货舱”主要指装载污染危害性货物的船舱。比如油轮的货油舱、散装运输危险化学品或有毒有害液体物质船舶的液货舱（包括货泵舱及其他存有液体货物的舱室）等等。“油舱（柜）”主要是指船舶储存船用油料或者残余油类及污油水的舱室，包括各种重油舱、轻油舱、润滑油（液压油）舱、日用油柜、沉淀油柜、各类循环油柜、残油舱、污油水舱、油渣柜等。

二、本条第二款是对沉没船舶的所有人、经营人或者管理人报告船舶污染物存留情况并限期清除的规定

准确掌握沉船污染物的存留情况，是沉船打捞、污染源调查等后续相关工作的客观要求。根据本款规定，船舶沉没的，船舶所有人或者经营人应当及时向海事管理机构报告船舶存油等污染物的性质、数量、种类、位置等情况。报告必须及时、准确，不得隐瞒任何情况。最初的报告可以是口头形式，但必须及时补充书面报告，并附以相关的图纸等说明性材料，标明船舶的结构、污染物留存位置等情况，为海事管理机构调查、处置事故提供参考。海事管理机构调查、处置船舶沉没事故需要的其他相关材料、数据等，可以随时向沉没船舶的所有人、经营人或者管理人提出补充报告的要求，沉没船舶的所有人、经营人或者管理人应当积极配合。需要报告

的污染物除油类外，也包括污染危害性货物及其他污染物。油类除油轮装载的货油外，还包括船舶携带的用以维持航行的各类燃料油、润滑油、液压油等等。污染物的性质主要是指油类的粘度、倾点等参数，以及有毒有害物质的污染危害性等。位置是指船舶沉没前各种污染物存放的场所及其在船上的具体分布情况。

本条第二款还规定，船舶沉没的，船舶所有人、经营人或者管理人应当及时采取措施清除船舶污染物。根据本款的规定，海事管理机构有权要求沉船的所有人、经营人或者管理人承担限期清除污染物的责任。本条的前提是船舶沉没，沉没船舶是否已经造成中华人民共和国管辖海域污染不是限期清除沉船污染物的必要条件，只要沉船所存的污染物有造成中华人民共和国管辖海域污染的可能，沉没船舶的所有人、经营人或者管理人就有义务在海事管理机构规定的期限内将船舶存油等污染物清除。清除沉船污染物的方式包括将沉船上的污染物从沉船上清除，也包括对沉船实施整体打捞、解体打捞等方式。沉没船舶的所有人、经营人或者管理人应当委托有能力的单位进行污染物清除，并会同接受委托的单位在对沉船进行污染危害性评估的基础上，选择适当的清除方式，制定合适的清除方案和防污染措施，按照有关规定报海事管理机构核准。必要时，海事管理机构可以采取评估等方式来评价清除方式的合理性、防污染措施有效性等。

第四十一条　发生船舶污染事故，或者船舶沉没，可能造成中华人民共和国管辖海域污染的，有关沿海设区的市级以上地方人民政府、海事管理机构根据应急处置的需要，可以征用有关单位和个人的船舶、防治污染设施、设备、器材以及其他物资。有关单位和个人应当予以配合。

被征用的船舶、防治污染设施、设备、器材以及其他物资在使用完毕或者应急处置工作结束后，应当及时返还。船舶、防治污染

设施、设备、器材以及其他物资被征用或者征用后毁损、灭失的，应当给予补偿。

【释义】　本条是关于发生或可能发生船舶污染事故时征用船舶和有关应急物资的规定。

船舶溢油事故危害巨大，不仅使海洋生态环境遭受灾难性损害，造成巨大的直接、间接经济损失，严重影响人民群众的生活、生产和社会稳定，甚至还会产生巨大国际影响。由于船舶溢油事故发生在海上，受到各种自然条件的限制，处置工作十分困难。因此，海上溢油应急反应工作离不开全社会的支持，各级政府、主管部门以及有关单位都有责任和义务做好或者参与船舶污染事故应急处置工作。为此，本条第一款规定，船舶发生污染事故后，设区的市级以上地方人民政府、海事管理机构根据应急处置的需要，可以征用有关单位和个人的船舶、防污染设施、设备、器材以及其他物资，有关单位和个人应当予以配合。根据本条第一款的规定，根据应急处置的需要，有关的沿海设区的市级以上地方人民政府、海事管理机构都有权征用有关单位和个人的船舶、防污染设施、设备、器材以及其他物资；有关单位和个人包括港口码头、航运公司、应急器材生产厂商、货主等；防治污染设施、设备主要包括污染物处置设施、围油栏、收油机、消油剂喷洒装置、应急卸载和转驳设备，以及应急处置的防护设备等；防污染器材主要包括消油剂、吸油毡、吸油棉、吸油粉、吸油拖缆以及其他吸油材料。被征用的有关单位和个人应当积极配合地方人民政府、海事管理机构的征用工作。

本条第二款是关于对征用物资归还及补偿的规定。毁损，是指被调用的物资因遭到破坏而不能正常使用。灭失是指被征用的物资因正常消耗或其他原因而不复存在。根据本款的规定，征用单位应及时归还所征用的物资，船舶、防治污染设施、设备、器材以及其他物资被征用或者征用后毁损、灭失的，应当给予补偿。补偿数额应当根据征用物资的实际价值确定，并按照合理的原则，依照有关规定进行。在对被征用单位实施补偿后，征用单位有权向事故责任方追偿征用物资的补偿费用。

第四十二条　发生船舶污染事故，海事管理机构可以采取清除、打捞、拖航、引航、过驳等必要措施，减轻污染损害。相关费用由造成海洋环境污染的船舶、有关作业单位承担。

需要承担前款规定费用的船舶，应当在开航前缴清相关费用或者提供相应的财务担保。

【释义】　本条是关于在船舶污染事故中海事管理机构采取强制措施的规定。

一、本条第一款是关于对船舶污染事故采取强制措施的必要性、强制措施内容以及相关费用的规定

如果船舶污染事故严重到超出了船舶自身和污染清除协议单位的应急能力，仅依靠船舶自身和污染清除协议单位的力量已不足以对船舶污染事故进行有效的应急处置时，为防止污染扩散、减少污染损害，海事管理机构可以根据事故情况和污染风险，采取避免或者减轻污染损害的必要措施，对船舶污染事故进行有效的应急处置，以保护国家和受害者利益。《中华人民共和国海洋环境保护法》第七十一条规定：船舶发生海难事故，造成或者可能造成海洋环境重大污染损害的，国家海事行政主管部门有权强制采取避免或者减少污染损害的措施。对在公海上因发生海难事故，造成中华人民共和国管辖海域重大污染损害后果或者具有污染威胁的船舶、海上设施，国家海事行政主管部门有权采取与实际的或者可能发生的损害相称的必要措施。

发生船舶污染事故后，海事管理机构可以按照行政强制程序，采取清除、打捞、拖航、引航、过驳以及其他必要措施；其他必要措施包括使用围油栏、消油剂、吸油材料等对溢油进行围控和消除、

水下探摸、封堵泄漏舱室及处所、抽取船上所存的污染物等等。相关费用包括采取清除、打捞、拖航、引航、过驳以及其他必要措施产生的费用，调用防污染物资所产生的费用，以及应急处置过程中的人、财、物、监视监测、化验鉴定、交通、评估等费用；采取强制措施的相关费用由造成或者可能造成海洋环境污染的船舶、有关作业单位承担。这是“谁污染，谁付费”原则在船舶污染事故处置中的具体体现。

二、本条第二款是关于强制措施费用的缴纳或提供财务担保的规定

根据本款规定，承担海事管理机构采取强制措施产生费用的船舶，应当在开航前缴清或者提供相应的财务担保。本款中的财务担保可以是全额现金，也可以部分现金，部分由金融机构、保险公司或船东互保协会等提供信用担保，现金与信用担保数额的比例根据事故处置的需要确定。海事管理机构对船舶、有关作业单位提供的财务担保有权审查其真实性和有效性，并根据提供担保的机构的财务能力决定是否接受担保。对于国外保险机构、互保协会或金融机构提供的担保，为了落实担保义务和确保事故受害方能够得到及时受偿，海事管理机构应当要求其担保经过国内保险或金融机构的再担保。担保必须以书面形式，并符合相关法律法规的规定。“开航前”是指船舶驶离海事管理机构为事故应急处置、调查处理等的需要指定其停靠的港口或海域之前，未按上述规定在开航前缴清应急处置费用或者提供相应财务担保的，海事管理机构有权禁止其离港。

第四十三条　处置船舶污染事故使用的消油剂，应当符合国家有关标准。

海事管理机构应当及时将符合国家有关标准的消油剂名录向社会公布。

船舶、有关单位使用消油剂处置船舶污染事故时,应当依照《中华人民共和国海洋环境保护法》有关规定执行。

【释义】 本条是关于在船舶污染事故应急处置中使用化学消油剂的规定。

化学消油剂,主要指溢油分散剂以及凝聚剂、沉降剂等化学处理剂,是由多种表面活性剂和强渗透性的溶剂组成,主要用于处理海上溢油及清洗油污。其中,溢油分散剂的作用机理是将水面浮油乳化,形成细小粒子分散于水中,主要适用于开阔海域的溢油处理。化学消油剂使用不当会造成二次污染。在船舶污染事故应急处置过程中,过量或不当使用化学消油剂不但起不到消除污染的作用,而且会适得其反,对海洋环境造成更进一步的污染损害。因此,世界上一些发达国家如日本、美国、英国和挪威等,在船舶污染事故应急处置中均对化学消油剂的使用给予了一定限制,以尽可能防止由于使用化学消油剂所造成的二次污染。

我国对化学消油剂在船舶污染事故中的使用也采取了严格的管理措施。根据交通运输部发布的《消油剂产品检验发证管理办法》的规定,消油剂产品必须由经过认可的检验单位进行检验,并取得国家海事管理机构颁发的有效产品型式认可证书,才能在船舶污染事故应急处置中使用。根据本条第一款的规定,消油剂产品的检验和使用,应符合《溢油分散剂技术条件》(GB 18188.1—2000)和《溢油分散剂使用准则》(GB 181882—2000)等国家有关标准的相关要求。根据本条第二款的规定,海事管理机构应当及时将符合国家有关标准的消油剂目录向社会公布。

本条第三款是关于消油剂使用管理的规定。按照《中华人民共和国海洋环境保护法》的规定,对船舶污染事故应急处置中使用化学消油剂采取行政许可的管理方式。拟使用化学消油剂的单位或船舶应向海事管理机构提出申请,经批准后方可使用。海事管理机构在核准化学消油剂使用申请时,应按照《中华人民共和国海事行政许可条件规定》的要求进行审查，具备下列条件的，方可核准使用化学消油剂：

（1）申请使用的化学消油剂已经过专业机构的型式认可；

（2）符合规定的使用范围和规范的使用方法；

（3）申请使用的剂量与消油的数量相当，与防止水域环境污染的要求相符；

（4）有防止水域污染和保障安全的措施或应急预案。

第六章　船舶污染事故的调查处理

【本章提要】　本章是关于船舶污染事故调查处理的规定。

本章共6条,规定了船舶污染事故调查的管辖、调查应遵循的原则,以及调查机关的权力等。按照本章规定,特别重大船舶污染事故由国务院或者国务院授权国务院交通运输主管部门组织调查;重大船舶污染事故由国家海事管理机构组织调查;较大船舶污染事故和一般船舶污染事故由事故发生地的海事管理机构组织调查。组织事故调查的机关或者海事管理机构应当按照及时、客观、公正的原则进行事故调查处理。船舶污染事故的当事人和其他有关人员应当如实提供有关情况和资料,不得伪造、隐匿或者毁灭证据,不得妨碍调查取证。组织事故调查的机关或者海事管理机构应当自接到事故报告之日起60日内制作事故认定书,并送达当事人。

第四十四条　船舶污染事故的调查处理按照下列规定进行:

(一)特别重大船舶污染事故由国务院或者国务院授权国务院交通运输主管部门等部门组织事故调查处理。

(二)重大船舶污染事故由国家海事管理机构组织事故调查处理。

(三)较大船舶污染事故和一般船舶污染事故由事故发生地的海事管理机构组织事故调查处理。

船舶污染事故给渔业造成损害的,应当吸收渔业主管部门参与调查处理。

【释义】　本条是对船舶污染事故调查管辖的规定。

一、船舶污染事故调查处理管辖权

按照本条规定，船舶污染事故的调查依据级别管辖和地域管辖相结合的原则。由于特别重大事故不但造成海洋生态环境灾难性损害和巨大的直接、间接经济损失，给人民群众的生活、生产带来巨大影响，甚至还引起国际社会的广泛关注。因此，本条规定特别重大船舶污染事故由国务院或者国务院授权国务院交通运输主管部门等部门组织调查。同时，本条还规定重大船舶污染事故由国家海事管理机构组织调查，较大船舶污染事故和一般船舶污染事故由事故发生地的海事管理机构组织进行调查。对于事故发生地不明、跨管辖区域或对管辖有争议的船舶污染事故，除依法由国家海事管理机构组织调查的情况外，应由共同的上级海事管理机构确定调查处理机构。本条第一款中所称的特别重大船舶污染事故、重大船舶污染事故、较大船舶污染事故和一般船舶污染事故即为本《条例》第三十九条所定义的船舶污染事故等级。

需要注意的是，国务院颁布的《生产安全事故报告和调查处理条例》不适用船舶污染事故的调查处理。

二、吸收渔业主管部门参与调查处理

本条第二款是关于渔业行政主管部门参与船舶污染事故调查处理的规定。国家渔业行政主管部门海洋环境保护的职责主要有，一是负责渔港水域内非军事船舶和渔港水域外渔业船舶污染海洋环境的监督管理；二是负责保护渔业水域生态环境工作；三是调查处理除因船舶污染事故造成的渔业污染事故以外的渔业污染事故。按照本款规定，船舶污染事故发生后，只有在船舶污染事故给渔业造成损害的情况下才需要吸收渔业部门参与调查处理，并不是所有的船舶污染事故都需要吸收渔业部门参与；并且，吸收参与调查是指渔业部门从其专业角度向负责调查处理的海事管理机构提供船舶污染事故对渔业造成的损害意见和证明材料,而不是与渔业部门组成调查组共同进行船舶污染事故的调查处理。

第四十五条　发生船舶污染事故后,组织事故调查处理的机关或者海事管理机构应当及时、客观、公正地开展事故调查,勘验事故现场,检查相关船舶,询问相关人员,收集证据,查明原因。

【释义】　本条是对船舶污染事故调查处理机关或者海事管理机构开展调查处理工作的规定。

根据本条规定,船舶发生污染事故后,组织事故调查的机关或者海事管理机构应当及时、客观、公正地开展事故调查处理。"及时"是指组织事故调查处理的机关或者海事管理机构在接到事故报告后,应迅速展开事故调查处理工作,做好取样、取证、勘察等。船舶污染事故调查中的及时原则是行政效率的体现,也是最大限度保护公民、法人和其他组织合法权益的需要。"客观"是指组织事故调查处理的机关或者海事管理机构在进行污染事故调查过程中应尊重事实和证据,以实事求是的态度,用准确的证据资料和材料作为事实依据来判明事故原因。"公正"是指组织事故调查处理的机关或者海事管理机构在进行污染事故调查过程中,应确保调查人员办事公道,不徇私情,不主观、武断地得出调查结论、作出决定和实施行政行为。

组织事故调查处理的机关或者海事管理机构在开展事故调查时,应组织人员勘验事故现场,检查相关船舶,依据法定程序询问相关人员、收集证据。船舶污染事故调查处理人员在进行事故调查时,有权进行以下工作:

1. 询问有关当事人,以及证人、目击者;

2. 要求被调查人员提供书面材料和证明;

3. 查阅航海日志、轮机日志、车钟记录、海图、船舶资料、设备仪器的性能资料及其他调查所必需的原始文书资料，复印或复制上述资料，并要求当事人签字确认；

4. 检查船舶、设施及有关设备的证书、人员证书；

5. 勘察事故现场，搜集有关物证；

6. 可以使用录音、照相、录像等设备和其他法律允许的调查手段；

7. 对水面溢油或其他污染物以及船舶相关处所，按照采样程序进行样品采集、封存，以备检验。油样品的采集、封存以及送检程序按照《中华人民共和国海事局水上油污染事故调查油样品取样程序规定》等相关规定进行。其他污染物样品的采集、封存以及送检程序参照该规定执行。

本条中的证据主要包括以下几类：

1. 书证、物证、视听资料；

2. 证人证言；

3. 当事人陈述；

4. 鉴定结论；

5. 勘察记录、调查笔录。

其中，船舶污染事故调查中搜集的书证可以为以下资料：

1. 船舶的基本资料，如船舶概况、船舶入级证书或船舶检验证书、船东和经营人、船舶保险情况及原始建造资料等；

2. 航海日志、轮机日志等原始记录；

3. 油类记录簿、货物记录簿、垃圾记录簿的相关记录；

4. 港口日志或装、卸货作业的相关记录；

5. 船舶机舱、货舱污油水管系图；

6. 航次维护计划、修理申请记录、机器设备操作和维护手册；

7. 天气预报或事故发生区域当时的水文气象记录；

8. 理货、港调等相关部门的作业记录；

9. 其他与事故调查相关的资料。

搜集的书证和视听材料可以是原件，也可以抄录、复印、拍照，但是都应由证据提供方签字确认。

第四十六条　组织事故调查处理的机关或者海事管理机构根据事故调查处理的需要，可以暂扣相应的证书、文书、资料；必要时，可以禁止船舶驶离港口或者责令停航、改航、停止作业直至暂扣船舶。

【释义】　本条是关于船舶污染事故调查机关或者海事管理机构行使调查权的规定。

根据本条规定，组织事故调查处理的机关或者海事管理机构根据事故调查处理的需要，可以暂扣相应的证书、文书、资料。本条中所称的证书、文书、资料并不限于防污染的证书、文书，凡是事故调查、处理需要的资料，组织事故调查处理的机关或者海事管理机构均可予以暂扣。主要包括：

1. 船舶的基本资料，如船舶种类、船舶基本数据，船舶所有人、经营人及船舶保险情况和原始建造资料等；

2. 航海日志、轮机日志；

3. 船舶安全管理证书（SMC）、国际防止油污证书（IOPP 证书）、船舶最低配员证书等船舶法定证书；

4. 油类记录簿、货物记录簿、垃圾纪录簿、应急计划、垃圾管理计划等法定文书；

5. 有关船员的适任证书；

6. 港口日志或装、卸货作业的相关记录；

7. 船舶总布置图、稳性计算书、舱室容积图，以及机舱、货舱各类管系图和其他事故调查需要的船舶图纸资料；

8. 航次维护计划、修理申请记录、机器设备操作和维护手册；

9. 理货部门、港口调度部门等相关单位的作业记录；

10. 与事故调查相关的其他证书、文书资料。

本条还规定，根据事故调查处理的需要，组织事故调查的机构或者海事管理机构可以禁止船舶离港或者责令停航、改航、停止作业直至暂扣船舶，当事船舶应当服从事故调查处理的需要，配合事故调查工作。禁止船舶离港或者责令停航、改航、停止作业、暂扣船舶时，应按照相关规定及程序进行。

第四十七条　事故调查处理需要委托有关机构进行技术鉴定或者检验、检测的，应当委托国务院交通运输主管部门认定的机构进行。

【释义】　本条是对船舶污染事故调查处理中技术鉴定、检验及检测工作的规定。

船舶污染事故发生的原因较为复杂，涉及到人的操作行为、设备和设施状况、海况、气象状况等多种多样的因素，并且船舶污染事故造成的污染损害可能涉及社会各个方面、各个行业和领域，情况复杂且专业性强，需要具备专业知识的技术机构协助，才能更好确定事故原因，做好事故的调查处理工作。国务院交通运输主管部门作为船舶污染事故的主管部门，在船舶污染事故的调查处理方面应当最具权威性。本条规定有以下几层含义：

一是组织事故调查处理的机关或者海事管理机构根据事故调查处理的需要，可以委托国务院交通运输主管部门认定的机构进行技术鉴定或者检验、检测。是否需要进行技术鉴定或者检验、检测以及范围，由组织事故调查处理的机关或者海事管理机构根据事故调查的实际需要决定；在此前提下，具体由哪一个机构进行技术鉴定也应当由组织事故调查处理的机关或者海事管理机构决定。

二是本条所称的“有关机构”是指所有从事与船舶污染事故调查处理有关的技术鉴定或者检验、检测的专业机构，包括了化验鉴定机构、检验机构、污染损害评估机构等。交通运输主管部门在认可这些机构时,主要考虑以下几个方面:第一,应取得符合国家有关规定的资质;第二,具备船舶污染领域专业技术能力,并能够出具专业技术鉴定或者检验、检测报告;第三,具有因技术鉴定或者检验、检测错误而承担赔偿的能力。

三是应当委托国务院交通运输主管部门认定的机构进行技术鉴定或者检验、检测的主体还包括其他船舶污染事故调查处理中涉及的主体。例如,保险人、污染事故的受害人。

四是事故调查处理所委托的技术鉴定或者检验、监测机构不是由国务院交通运输主管部门认定的机构,其作出的技术鉴定或者检验、检测结论,不能作为事故调查处理的证据。

五是组织事故调查处理的机关或者海事管理机构认为需要进行技术鉴定时,技术鉴定的时间不计入事故调查期限。

第四十八条　组织事故调查处理的机关或者海事管理机构调查时,船舶污染事故的当事人和其他有关人员应当如实反映情况和提供资料,不得采取伪造、隐匿或者毁灭证据以及其他方式妨碍调查取证。

【释义】　本条是关于船舶污染事故的当事人和其他有关人员在事故调查中应遵循义务的规定。

船舶污染事故的当事人和其他有关人员如实提供有关情况和资料,不伪造、隐匿或者毁灭证据,不妨碍调查取证,是船舶污染事故当事人和其他有关人员的法定义务,否则就要承担相应的法律责任,这对事故调查处理的机关或者海事管理机构顺利开展事故调查工作具有重要意义。当事人包括肇事船舶的船长、轮机长、当班驾驶员、轮机员以及其他当班船员,也包括船舶所有人、经营人和管理人;其他有关人员包括肇事船舶的其他船员以及其他船舶或者岸上的目击者。如实提供有关情况和资料,包括如实提供调查人员需要的防污染证书、文书、日志、各种记录和污染事故现场资料,如实回答调查人员组织的询问等情况。

伪造、隐匿或者毁灭证据,以及阻挠污染事故调查人员调查取证或者恶意串通蒙骗调查人员的,都属于妨碍调查取证的行为,有关的责任人应当负法律责任,构成犯罪的,将依法追究刑事责任。

第四十九条 组织事故调查处理的机关或者海事管理机构应当自事故调查结束之日起 20 个工作日内制作事故认定书。

事故认定书应当载明事故基本情况、事故原因和事故责任,并送达当事人。

【释义】 本条是关于船舶污染事故认定书的制作和送达的规定。

船舶污染事故调查的目的之一就是查明事故原因和事故责任,以便总结经验教训,采取有针对性的防范措施,防止类似事故再次发生。因此,组织事故调查的机关或者海事管理机构,在事故调查结束后,制作事故认定书具有积极的、重要的意义。

一、本条第一款是关于事故认定书制作时限的规定

(1)事故认定书是组织事故调查的机构或者海事管理机构根据事故调查结果,作出的认定事故调查结论的文书。事故认定书与事故调查报告不同,事故调查报告属于内部工作文书,内容比较全面、具体,而事故认定书则要简单明了。

(2)按照《政府信息公开条例》的要求,事故认定书可以依有关当事方申请而向利益相关的申请人公开。

(3)组织事故调查的机构或者海事管理机构应当自事故调查结束之日起 20 个工作日内完成事故认定书制作。20 个工作日是法定期限,属于义务性要求。需要注意的是,20 个工作日的起算日为事故调查结束日,而不是事故调查开始的日期。

二、本条第二款是关于事故认定书内容及送达的规定

根据本款规定，事故认定书主要内容包括事故发生的时间、地点、当事方概况等事故基本情况，以及简要的事故原因描述，事故调查结论——即事故责任认定等内容。事故认定书所载明的上述情况，应是组织事故调查的机构或者海事管理机构根据船舶污染事故现场勘验、检查、调查情况和有关的检验、鉴定结论进行综合分析得出的结论。根据本款规定，事故认定书制作完毕后应送达当事人。应该注意的是，自事故调查结束之日起 20 个工作日内，是制作事故认定书的期限，而不是送达事故认定书的期限。但事故认定书制作完毕后，组织事故调查的机构或者海事管理机构应及时送达当事人。

第七章　船舶污染事故损害赔偿

【本章提要】　本章共8条，是关于船舶污染事故损害赔偿的规定，明确了船舶污染损害赔偿的原则以及相关免责条款。本章根据《中华人民共和国海洋环境保护法》的相关规定，设定了船舶强制油污保险以及建立国内油污损害赔偿基金的条款，包括如何投保油污责任险、如何取得船舶油污损害民事责任保险证书或者财务保证证书以及基金管理机构的组成，从而形成一套有中国特色的船舶油污损害赔偿机制。

第五十条　造成海洋环境污染损害的责任者，应当排除危害，并赔偿损失；完全由于第三者的故意或者过失，造成海洋环境污染损害的，由第三者排除危害，并承担赔偿责任。

【释义】　本条是关于海洋环境污染损害的责任承担原则。

海洋环境污染损害，是指直接或者间接地把物质或者能量引入海洋环境，产生损害海洋生物资源、危害人体健康、妨害渔业和海上其他合法活动、损害海水使用素质和减损环境质量等有害影响。

《中华人民共和国民法通则》第一百零六条第三款规定："没有过错，但法律规定应当承担民事责任的，应当承担民事责任"。第一百二十四条规定："违反国家保护环境防止污染的规定，污染环境造成他人损害的，应当依法承担民事责任"。因此，按照《中华人民共和国民法通则》和《中华人民共和国海洋环境保护法》的相关规定，本条例对海洋环境污染损害赔偿采用无过错责任原则，即无论何种原因，只要造成了海洋环境污染损害，造成海洋环境污染损害的责任者就应当承担赔偿责任。但本条对海洋环境污染损害的归责原则还规定了一种例外情况，即完全由于第三者的故意或过失造成海洋环境污染损害的，由第三者排除危害，并承担赔偿责任。但由于有“完全”二字的限制，此处不能简单理解为只要存在第三者的故意或过失，“责任者”就可以免除赔偿责任。“责任者”必须提供足够的证据来证明第三者的故意或过失是导致海洋环境污染损害的唯一原因。否则，不论“责任者”是否有过失，其都要承担赔偿责任。

对于本条中“责任者”的范围问题，虽然《1992 年民事责任公约》及《燃油公约》都规定应由漏油船舶的所有人承担污染损害民事责任，只有当两艘以上船舶都漏油，且损害无法合理分清时，各船才承担连带责任；但是目前国内理论界及司法界的普遍观点为，若在中华人民共和国管辖海域内因船舶碰撞造成海洋环境污染损害的，碰撞船舶所有人应承担连带赔偿责任。因此本条中的“责任者”包括漏油船舶的船舶所有人、非漏油船舶的船舶所有人，以及其他应对海洋环境污染损害承担责任的当事人，且他们对外承担的是连带赔偿责任。

按照本条规定，造成海洋环境污染损害的责任者承担的责任的方式有两种：一是排除危害；二是赔偿责任。排除危害系指责任者应当承担排除危害的义务，一旦船舶造成海洋环境污染损害，责任者必须采取一切措施来减少或者控制污染损害的扩大；赔偿责任则系指责任者应当按照我国缔结或者加入的国际条约以及国内法律法规的规定，对污染造成的损害给予赔偿或者补偿，即应当承担因海洋环境污染损害而造成的民事责任。本条规定的民事责任，主要是指由于违法行为人的原因，造成海洋环境污染损害，给国家的财产或他人的人身财产造成损失所应当承担的责任，属于一种侵权的民事责任，包括应急救助、清除污染等预防措施的费用以及实施该预防措施造成的新的灭失或损害；对水产、旅游等海洋资源造成的损害；对海洋环境造成的损害（不包括这种损害造成的利润损失），但限于实际采取或将要采取的合理恢复措施的费用；对污染损害评估的费用以及其他合理费用。当然按照我国缔结或者加入的国际条约以及国内法律法规的规定，责任者在承担赔偿责任的同时，也享有相应的权利，如可以享受船东责任限制的权利等。

第五十一条　完全属于下列情形之一，经过及时采取合理措施，仍然不能避免对海洋环境造成污染损害的，免予承担责任：

（一）战争；

（二）不可抗拒的自然灾害；

（三）负责灯塔或者其他助航设备的主管部门，在执行职责时的疏忽，或者其他过失行为。

【释义】　本条是关于免于承担海洋环境污染损害责任的规定，沿承了《中华人民共和国海洋环境保护法》第九十二条的相关规定。

1. 规定免于承担海洋环境污染损害赔偿责任的情形，对于正确处理此类纠纷，在合理的范围内要求责任者承担责任来说十分重要。

所谓免予承担责任，就是虽然违法行为人实施了违法行为，但法律规定对其不追究法律责任，包括行政责任、民事责任和刑事责任。法律责任是违反法律规定的行为应当承担的法律后果。有什么样的违法行为，就应当承担什么样的法律责任。但如果当事人的违法行为不是当事人的故意或者过失，而是由于当事人意志力以外的因素造成的，法律不应当要求当事人承担其违法行为相关的法律责任，否则就失去了法律的公平和公正。

当事人意志以外的因素在我国法律中通常被称为不可抗力。

《中华人民共和国民法通则》第一百零七条就规定,“因不可抗力不能履行合同或者造成他人损害的,不承担民事责任,法律另有规定的除外。”《中华人民共和国合同法》第一百一十七条第一款规定,“因不可抗力不能履行合同的,根据不可抗力的影响,部分或者全部免除责任,但法律另有规定的除外”。同时,该法还对“不可抗力”作了解释,即不可抗力是指不能预见、不能避免并不能克服的客观情况,既包括自然灾害等自然情况,也包括战争等社会情况。《刑法》中也有关于在正当防卫或紧急避险的情况下造成的损害不承担刑事责任的规定。因此,有了违法行为并不一定都要承担法律责任。

本条规定从海洋环境保护的实际情况出发,并与有关国际条约相一致。例如《1992 年国际油污损害民事责任公约》第四条规定,“船舶所有人如能证实损害系属于以下情况,即对之不负责任:(1)由于战争行为、敌对行为、内战或武装暴动,或特殊的、不可避免的和不可抗拒性质的自然现象所引起的损害;(2)完全是由于第三者有意造成损害的行为或怠慢所引起的损害;(3)完全是由于负责灯塔或其他助航设备的政府或其他主管当局在执行其职责时,疏忽或其他过失行为所造成的损害”。《燃油公约》第三条第 3 款亦有类似规定,“如船舶所有人作出如下证明,则该船舶所有人不应承担污染损害责任:(一)损害系由战争、敌对、内战、暴乱行为或异常、不可避免和不可抗拒性质的自然现象所引起;或(二)损害完全系由第三方故意造成损害的行为或不作为所引起;或(三)损害完全系由负责维护灯标或其他助航设施的任何政府或其他当局在履行该职责时的疏忽或其他错误行为所引起”。

2. 根据本条的规定,对造成海洋环境污染损害的有关责任者免予承担责任必须具备两个先决条件:首先,必须是完全由本条规定的三种情形之一所引起的海洋环境污染损害;其次,必须是对海洋环境造成污染损害后及时采取合理措施仍然不能避免的海洋环境污染。也就是说,完全属于本条规定的三种情形之一的原因造成了事故,如果有关责任者经过及时采取合理措施后,避免了对海洋环境造成污染损害,当然是理想的结果;但如果有关责任者经过及时采取合理措施后,仍然不能避免对海洋环境造成污染损害的,法律规定其不承担责任。

这里包含了两方面的意思:一方面,如果不是完全由于本条所列三种情形之一,有关责任者也有一部分责任的,有关责任者并不能免予承担有关法律责任,还应当根据实际情况,承担部分相应的法律责任;另一方面,即使是完全由于本条所列的三种情形之一而发生了海洋环境污染损害事件,但有关责任者未采取行动,没有及时采取合理措施防止污染损害,致使海洋环境污染损害扩大的,有关责任者不能完全免除责任,也要承担相应的法律责任。

与《1992 年国际油污损害民事责任公约》和《燃油公约》的相关规定相比较,本条规定的要求更严格,赋予了污染损害责任者更高的义务。首先,在上述两个公约中,因战争或不可抗拒的自然灾害而导致的海洋环境污染损害,并不要求"完全"由战争或不可抗拒的自然灾害引起。其次,在上述两个公约中,只要船舶所有人可以证实损害系由如本条所述的三种原因导致,船舶所有人即可免于承担责任,而不要求船舶所有人"及时采取合理措施"。

3. 根据本条的规定,可以使有关责任者免予承担责任的情形有三种:一是战争行为所引起的海洋环境污染损害;二是不可抗拒的自然灾害所引起的海洋环境污染损害;三是负责灯塔或者其他助航设备的主管部门,在执行职责时的疏忽,或者其他过失行为引起的海洋环境污染损害。这三种情形可以分为两大类。一类是属于不可抗力的情形,包括战争和不可抗拒的自然灾害。战争作为一种伴随人类社会发展的现象,在世界许多国家的法律中都被定义为不可抗力,完全由此所引发的损害一般在法律中规定为可以免予承担责任。不可抗拒的自然灾害是指同时具备不能预见、不能避免、不能克服的特性的自然现象，完全由其所引发的损害当事人不承担责任也是各国在法律实践上的共识。值得注意的是，随着科学技术的发展，目前已经可以对一些自然灾害进行一定程度的预测和预防，如台风。因此，如果当事人明明已经收到了台风预报信息，在具备充足的时间采取措施避免受其影响的情况下仍然因措施不当而遭受了台风袭击，造成污染损害，此种情形则不能免除当事人的责任。另一类是属于完全由于第三方的原因而导致发生污染损害的情形，即负责灯塔或者其他助航设备的主管部门，在执行职责时的疏忽，或者其他过失行为。由于海洋具有不同于陆地的特性，船舶等在海上航行时必须要依靠灯塔等助航设备，如果负责灯塔或其他助航设备的主管部门在执行职责时疏忽大意，或者有其他过失行为，就有可能造成船舶碰撞等海难事故，而船舶本身并没有责任。所以，由此造成了海洋环境污染损害的，船舶等有关责任者只要是及时采取了合理措施，就不应当承担责任。

第五十二条　船舶污染事故的赔偿责任限额依照《中华人民共和国海商法》关于海事赔偿责任限制的规定执行。但是，船舶载运的散装持久性油类物质造成中华人民共和国管辖海域污染的，赔偿责任限额依照中华人民共和国缔结或者参加的有关国际条约的规定执行。

前款所称持久性油类物质，是指任何持久性烃类矿物油。

【释义】　本条是关于船舶发生污染事故后如何确定赔偿责任限额的规定。

船舶运输是一项风险较高的行业，对船舶实施责任限制制度是国际惯例。海事赔偿责任限制是指在发生重大海损事故时，作为责任人的船舶所有人、经营人和承租人等，可根据法律的规定，将自己的赔偿责任限制在一定范围内的法律制度。需要指出的是，海事赔偿责任限制是针对单起船舶事故而设定的，即如果同一艘船舶连续发生多起事故，则每起事故的海事赔偿责任限制均应按照《中华人民共和国海商法》或者中华人民共和国缔结或者参加的有关国际条约的规定单独计算，而不能累计。

本条第一款明确了船舶污染事故的两种赔偿责任限额。

一、依照《中华人民共和国海商法》的责任限额

《海商法》第二百一十条规定的非人身伤亡赔偿请求的责任限额为：

1. 总吨位 300 吨至 500 吨的船舶，赔偿限额为 167000 计算单位；

2. 总吨位超过 500 吨的船舶，500 吨以下部分适用本项第 1 目的规定，500 吨以上的部分，应当增加下列数额：501 吨至 30000 吨的部分，每吨增加 167 计算单位；30001 吨至 70000 吨的部分，每吨增加 125 计算单位；超过 70000 吨的部分，每吨增加 83 计算单位。需要注意的是《海商法》第二百一十条规定的非人身伤亡赔偿请求的责任限额并不仅仅是油污损害赔偿限额，还包括《海商法》第二百零七条规定的除人身伤亡以外的其他海事赔偿请求。

此外，《海商法》第二百一十条第二款还规定："总吨位不满 300 总吨的船舶、从事中华人民共和国港口之间运输的船舶以及从事沿海作业的船舶，其赔偿限额由国务院交通主管部门报国务院批准后施行。"根据《海商法》的这一规定，交通部于 1993 年制定并颁布了《关于不满 300 总吨船舶及沿海运输、沿海作业船舶海事赔偿限额的规定》。《规定》第三条规定："除本规定第四条另有规定外，不满 300 总吨船舶的海事赔偿责任限制，依照下列规定计算赔偿限额：……（二）关于非人身伤亡的赔偿请求：1. 超过 20 总吨、21 总吨以下的船舶，赔偿限额为 27500 计算单位；2. 超过 21 总吨的船舶，超过部分每吨增加 500 计算单位"。第四条："从事

中华人民共和国港口之间货物运输或者沿海作业的船舶,不满300总吨的,其海事赔偿限额依照本规定第三条规定的赔偿限额的50%计算;300总吨以上的,其海事赔偿限额依照《中华人民共和国海商法》第二百一十条第一款规定的赔偿限额的50%计算”。

二、依照国际公约规定的赔偿责任限额

《海商法》第二百零八条规定:“本章规定不适用于下列各项:……(二)中华人民共和国参加的国际油污损害民事责任公约规定的油污损害的赔偿请求……”。关于油污损害民事责任的国际公约,最重要的就是《1992年国际油污损害民事责任公约》,我国是该公约的缔约国。该公约第五条对船舶污染事故的赔偿责任限额做了如下规定:“船舶所有人有权按本公约将其赔偿责任限于按下列方法算出的总额:(a)不超过5000总吨的船舶为451万计算单位;(b)5000到140000总吨的船舶,在451万计算单位的基础上,每增加1吨位单位,增加631计算单位;(c)等于或超过140000总吨的船舶,此总额在任何情况下不超过8977万计算单位”。该公约所称“船舶污染事故”包括:(1)实际载运作为货物的散装持久性油类的船舶发生的持久性货油或燃油泄漏事故;(2)空载油轮发生的持久性燃油泄漏事故;(3)虽然已卸载货油但船上仍有散装油类残余物的多用途船发生持久性货油或者燃油泄漏而造成的污染事故。

在本条例实施之前,出于对我国航运实情的考虑,仅要求从事国际航行的中国籍载运持久性货油的船舶的赔偿责任限额适用于《1992年国际油污损害民事责任公约》,而其他船舶的赔偿责任限额则按照《海商法》的规定执行,即实行的是“双轨制”。随着我国航运业发展的日趋成熟以及人民生活水平的不断提高,特别我国明确建设环境友好型社会的目标后,建立并完善船舶油污损害赔偿制度已成为社会各界的共识,其中包括尽可能实现船舶油污损

害赔偿限额的执行模式与国际接轨，变“双轨制”为“单轨制”，而且《1992 年国际油污损害民事责任公约》本身并不区分对待国际航行船舶和沿海航行船舶，我国加入在该公约时也未作任何的保留，因此只要符合该公约对“船舶”和“油类”的定义要求，就应当予以适用。

目前，依照条例的规定，载运持久性油类的船舶发生在我国海域的油污事故赔偿责任限额将完全适用《1992 年国际油污损害民事责任公约》，无论是国际航行船舶，还是国内航行船舶，均应当按照公约的要求承担赔偿责任。这一规定大幅度提高了我国之前所执行的油污损害赔偿责任限额，虽然有可能对我国从事沿海运输的小型油轮产生一定的影响，但从长远来看，有利于环境保护，有利于航运业健康发展，主要体现在以下几个方面：一是其高额的民事赔偿责任可以确保污染事故的受损方获得足额赔偿；二是完全遵守《1992 年国际油污损害民事责任公约》的法律原则，可以一揽子解决困扰我国司法界多年的法律适用问题；三是有利于引导沿海油运市场发育，促使油运公司向高标准管理和高标准船舶的方向发展；四是符合我国加入《1992 年国际油污损害民事责任公约》的履约承诺，有利于推动我国船舶安全和防污染管理逐步符合我国所接受的国际标准。这一制度体系的全面设立，将会对我国航运市场产生重大、深远的影响，将从保护海洋环境、发展海洋经济、实现水运业可持续发展的角度，促进水运业结构的优化调整，为我国从航运大国迈向航运强国打下坚实基础。

此外，船舶油污事故赔偿涉及的比较重要的公约还有《2001 年国际燃油污染损害民事责任公约》。该公约已于 2009 年 3 月 9 日起对我国生效。《2001 年国际燃油污染损害民事责任公约》填补了《1992 年国际油污损害民事责任公约》未覆盖的非油轮燃油污染损害，其适用范围是除《1992 年国际油污损害民事责任公约》中规定的污染损害以外的，商用船舶在当事国的领土，包括领海和当事国按照国际法确定的专属经济区，或者，如当事国未确定此种区域，由该国按照国际法确立的在该国领海外并与之毗邻的、从其领海宽度基线测量向外延伸不超过200海里的区域内所造成的燃油污染损害，以及无论何处采取的防止或尽量减少此种损害的预防措施。《2001年国际燃油污染损害民事责任公约》本身没有设立独立的赔偿责任限制，而是将这一问题交由各成员国自己来决定。《2001年国际燃油污染损害民事责任公约》第六条规定："本公约中的任何规定均不应影响船舶所有人或提供保险或其他经济担保的一个或多个人员，根据诸如经修正的《1976年海事索赔责任限制公约》等任何适用的国家或国际体系，限制责任的权利"。因此，在我国适用《2001年国际燃油污染损害民事责任公约》处理船舶污染损害赔偿纠纷时所采用的赔偿责任限额仍依据《海商法》中的相关规定进行计算。

本条第二款对本条所涉及的"持久性油类物质"的范围进行了限定，即任何持久性烃类矿物油，例如原油、燃油、重柴油和润滑油，不论作为货物装运于船上，或是作为这类船舶的燃料。该定义与《1992年国际油污损害民事责任公约》中对"油类"的定义完全一致。

第五十三条　在中华人民共和国管辖海域内航行的船舶，其所有人应当按照国务院交通运输主管部门的规定，投保船舶油污损害民事责任保险或者取得相应的财务担保。但是，1000总吨以下载运非油类物质的船舶除外。

船舶所有人投保船舶油污损害民事责任保险或者取得其他财务担保的额度应当不低于《中华人民共和国海商法》、中华人民共和国缔结或者参加的有关国际条约规定的油污赔偿责任限额。

承担船舶油污损害民事责任保险的商业性保险机构和互助性保险机构，由国家海事管理机构征求国务院保险监督管理机构意

见后确定并公布。

【释义】　本条是关于在中华人民共和国管辖海域内航行的船舶强制投保船舶油污损害民事责任保险或者取得其他财务担保的规定。

本条第一款对应当进行强制保险的船舶范围进行了规定。根据本条第一款的规定,除 1000 总吨以下载运非油类物质的船舶外,其他航行于中华人民共和国海域的船舶都应当按照国务院交通运输主管部门的规定投保船舶油污损害民事责任保险或者取得其他财务担保。这主要是考虑到:一是,《中华人民共和国海洋环境保护法》第六十六条规定:"国家完善并实施船舶油污损害民事赔偿责任制度;按照船舶油污损害赔偿责任由船东和货主共同承担风险的原则,建立船舶油污保险、油污损害赔偿基金制度。实施船舶油污保险、油污损害赔偿基金制度的具体办法由国务院规定",本条例有必要对强制保险的范围进行明确。二是,《1992 年国际油污损害民事责任公约》第七条规定了:"应要求在缔约国登记的并且载运 2000 吨以上的作为货物的散装油类的船舶的所有人进行保险或取得其他财务保证……";已对我国生效的《燃油公约》第七条也规定了:"当事国登记的总吨位大于 1000 吨的船舶的登记所有人,须进行保险或诸如银行或类似金融机构的担保等其他经济担保,以承担登记所有人的污染损害责任……"。要求船舶进行强制保险,是国际通行做法,也是履行我国缔约国义务的必然要求。三是,这样的规定有助于改变因船舶所有人缺少资金所可能导致的污染受害人得不到赔偿的局面,有利海洋环境的保护。

尽管《1992 年国际油污损害民事责任公约》第七条只要求载运 2000 吨以上的作为货物的散装持久性油类的船舶进行强制保险或取得其他财务保证,考虑到赔偿能力不足的主要是小型油船,本条例规定强制保险的主要目的是提高船舶的赔偿能力,而缔约国有权在本国管辖范围内作出严于公约要求的规定。同时考虑到1000 总吨以下航行于中华人民共和国管辖海域内的载运非油类物质的船舶所携带的燃油量也较少，即使发生燃油泄漏其可能造成的污染损害也不会很大，一般不会超过船东所能承受的范围，《燃油公约》也没有对 1000 总吨以下的非油轮提出强制保险的要求。因此，本条第一款将油污强制保险或者取得其他财务担保的范围规定为所有油轮和 1000 总吨以上的非油轮。

考虑到船舶油污损害民事责任强制保险对大多数船舶而言，是一项新的制度，尤其是对国内航行载运持久性油类的船舶，接受这项制度可能需要一段过程，因此，本条例将如何实施和何时实施授权国务院交通运输主管部门作出进一步的规定。国务院交通运输主管部门将在本条例的相关配套规章中对船舶油污损害民事责任强制保险的一系列实施问题作出具体规定。

本条第二款对前款所述船舶的保险额度或者其他财务保证的额度进行了规定。第二款规定，船舶投保船舶油污损害民事责任保险或者取得担保的额度应当不低于《海商法》以及我国缔结或者参加的有关国际公约规定的油污赔偿责任限额。由于《海商法》第二百零八条规定："本章规定不适用于下列各项：……（二）中华人民共和国参加的国际油污损害民事责任公约规定的油污损害的赔偿请求……"。我国是《1992 年国际油污损害民事责任公约》的缔约国，对于符合公约管辖范围的船舶发生的污染事故的赔偿责任限额应适用该公约。即对于实际载运作为货物的散装持久性油类的船舶发生的持久性货油或燃油泄漏事故；或者空载油轮发生的持久性燃油泄漏事故；或者虽然已卸载货油但船上仍有散装油类残余物的多用途船发生持久性货油或者燃油泄漏而造成的污染事故，其油污赔偿责任限额均按照《1992 年国际油污损害民事责任公约》的规定计算。

我国不是《1976 年海事索赔责任限制公约》的缔约国，在我国适用《燃油公约》处理船舶油污损害赔偿纠纷时所采用的油污赔偿责任限额仍依据《海商法》中的相关规定进行计算。我国《海商法》并未规定单独的油污损害民事责任限额，而只笼统规定了包含污染损害在内的适用于非人身伤亡损失或损害的船东赔偿责任限制。因此，本款所指《海商法》规定的油污赔偿责任限额，即为《海商法》中有关非人身伤亡请求的赔偿限额，该限额与《1976 年海事索赔责任限制公约》中有关非人身伤亡请求的赔偿限额是相同的。此外还需注意的是，由于我国《海商法》第二百一十条第二款的规定，300 总吨以下船舶和从事沿海运输和作业的船舶的责任限额由交通部另行规定。交通部于 1993 年公布的《关于不满 300 总吨船舶及沿海运输、沿海作业船舶海事赔偿限额的规定》第三条、第四条分别规定了 300 总吨以下的船舶的责任限额和沿海运输、作业船舶的责任限额。根据该规定第四条的规定，300 总吨以下沿海运输、作业船舶的责任限额为该规定第三条所规定的限额的 50%；300 总吨以上沿海运输、作业船舶的责任限额为《海商法》第二百一十条第一款规定的赔偿限额的 50%。但该规定第五条又称："同一事故中的当事船舶的海事赔偿限额，有适用《中华人民共和国海商法》第二百一十条或者本规定第三条规定的，其他当事船舶的海事赔偿限额应当同样适用"。

综上所述，并结合本条第一款的规定，船舶油污损害民事责任强制保险的保险额度或者取得其他财务保证的额度如下：即载运持久性油类的油轮应当按照《1992 年国际油污损害民事责任公约》所规定的油污赔偿责任限额进行投保或者取得其他财务担保，不论其是国际航行船舶还是国内航行船舶；载运非持久性油类物质的船舶应当按照我国《海商法》中有关非人身伤亡请求的赔偿限额的规定进行投保或取得其他财务保证，且油污责任保险的范围应当覆盖其所载的货油，1000 总吨以上的还应当覆盖其燃油；1000 总吨及以上的载运非油类物质的船舶则应当按照我国

《海商法》中有关非人身伤亡请求的赔偿限额的规定对燃油污染责任进行投保或取得其他财务保证。关于其他财务担保的形式，也将在本条例的相关配套规章中予以统一规定。

本条第三款明确了有资格承担船舶油污损害民事责任保险的商业性保险机构和互助性保险机构的认定机构和认定途径。商业性保险机构是指从事商业保险的机构，其根据保险合同约定，向投保人收取保险费，建立保险基金，对于合同约定的发生或者造成的财产损失承担赔偿责任；或当被保险人死亡、伤残、疾病或者达到合同约定的年龄、期限时承担给付保险金责任的一种合同行为。商业性保险机构的经营要以盈利为目的，而且要获取最大限度的利润，以保障被保险人享受最大程度的经济保障。互助性保险机构是指从事相互保险的机构，是利害相关群体以合作方式集合风险而共同管理的，即由一些具有共同要求和面临同样风险的人自愿组织起来，是预交风险损失补偿分摊金的一种保险形式，不以盈利为目的，具有群众自发、政策引导、财税政策支持、行业主管指导、民间机构运作等组织特点。按照本条例规定，国家海事管理机构须对依法投保的船舶签发船舶油污损害民事责任保险或者其他财务保证证书，为了确保承担油污损害民事责任保险的商业性保险机构和互助性保险机构在其所承保的船舶发生污染事故后能承担起保险合同下规定的义务，从而保证肇事方船东和受污染损害方的利益，国家海事管理机构应对这些机构的相关资质、财务状况、信用度、赔付能力等情况进行评估，并在征求国务院保险监督管理机构意见后，确定和公布符合要求的机构名单。

第五十四条　已按照本条例第五十三条规定投保船舶油污损害民事责任保险或者取得财务担保的中国籍船舶，其所有人应当持船舶国籍证书、船舶油污损害民事责任保险合同或者财务担保证明，向船籍港的海事管理机构申请办理船舶油污损害民事责任

保险证书或者其他财务保证证书。

【释义】　本条是关于中国籍船舶所有人申请办理船舶油污损害民事责任保险或者其他财务保证证书的规定。

船舶按照本条例第五十三条的规定投保船舶油污损害民事责任险或者取得其他财务担保后,应当持船舶国籍证书以及油污损害民事责任保险合同或者包含油污损害民事责任保险条款在内的保险合同或者其他财务担保,向船籍港海事管理机构申请办理船舶油污损害民事责任保险或者其他财务保证证书。

船籍港海事管理机构应当对船舶投保船舶油污损害民事责任险或者取得其他财务担保的情况进行审核,检查其是否满足《1992 年国际油污损害民事责任公约》或《2001 年国际燃油污染损害民事责任公约》或国务院交通运输主管部门制定的有关船舶油污损害民事责任强制保险的具体实施办法的要求。对于符合要求的,应予以受理并签发《船舶油污损害民事责任保险或其他财务保证证书》、《燃油污染损害民事责任保险或其他财务保证证书》等保险证书或者财务保证证书,上述证书应包括船名和船籍港、船舶所有人名称及地址、保险的类别、保险人或提供财务担保的其他人的名称及地址、证书的期限等,海事管理机构签发的证书的期限不得长于保险合同或者其他财务担保的有效期限。

第五十五条　发生船舶油污事故后,国家组织有关单位进行应急处置、清除污染而发生的必要费用,应当在船舶油污损害赔偿中优先受偿。

【释义】　本条是关于由国家应急处置、清污费用优先受偿的规定。

根据本条例第四十二条:“船舶发生污染事故后,海事管理机构可以采取清除、打捞、拖航、引航、过驳以及其他必要措施,减轻污染损害,相关费用由造成海洋环境污染的船舶、有关作业单位承担”。上述应急处置、清除污染行动的及时性、有效性直接关系到油污损害的大小，也关系到污染责任人和污染受损害方的切身利益。由于上述行动一般都由海事管理机构动员社会力量进行，如果上述行动的费用得不到保障，将严重影响社会参与海洋环境防治的积极性和再次投入此类行动的能力，因此本条规定了国家动员、组织有关单位进行的应急及清污行动产生的费用作为油污损害的一部分，在油污损害总体受偿份额内予以优先赔付，即应优先于因同起油污事故造成的财产损害、环境损害、资源损害、间接损失等赔偿请求之前得到赔付，以确保从事应急处置、污染清除作业的单位能保持或提高其应急处置能力。应急处置、清除污染而发生的必要费用包括与减少污染损害有关的应急救助费用、采取污染预防措施的费用、清除污染的费用以及与前述作业有关的专家评估费用等。

第五十六条　在中华人民共和国管辖水域接收海上运输持久性油类物质的货物所有人或者其代理人应当缴纳船舶油污损害赔偿基金。

船舶油污损害赔偿基金征收、使用和管理的具体办法由国务院财政部门会同国务院交通运输主管部门制定。

国家设立船舶油污损害赔偿基金管理委员会，负责处理船舶油污损害赔偿基金的具体赔偿等事务。船舶油污损害赔偿基金管理委员会由有关行政机关和缴纳船舶油污损害赔偿基金的主要货主组成。

【释义】　本条是关于明确船舶油污损害赔偿基金的来源以及如何管理的规定。

由于船舶污染事故的损害赔偿数额可能会超出船舶责任限制的额度，为了更好地保护污染事故受害人和鼓励航运业的正常发展从而保证经济社会的可持续发展，国际上都按照“谁受益谁付钱”的原则,通过向石油货主摊款设立船舶油污损害基金,在船舶赔偿限额不足以补偿受害人时,提供更多一层的赔偿保障。目前,国际社会上有 100 多个成员国参加的国际船舶油污损害赔偿基金,以及部分国家建立了国内基金,如加拿大国内船舶油污损害赔偿基金、芬兰国内油污基金以及美国《1990 油污法》建立的国内油污基金。

《中华人民共和国海洋环境保护法》第六十六条规定:国家完善并实施船舶油污损害民事赔偿责任制度;按照船舶油污损害赔偿责任由船东和货主共同承担风险的原则,建立船舶油污保险、油污损害赔偿基金制度。实施船舶油污保险、油污损害赔偿基金制度的具体办法由国务院规定。本条依据《中华人民共和国海洋环境保护法》第六十六条的规定,借鉴有关国际公约的规定和国际通行做法,明确了国内船舶油污损害赔偿基金制度,规定“在中华人民共和国管辖水域接收海上运输持久性油类物质货物的货物所有人或者代理人应当缴纳船舶油污损害赔偿基金”。同时,考虑到船舶油污损害赔偿基金征收、使用和管理比较复杂,而且我国对设立基金还有一整套国内法的相关程序和规定,本条还规定了基金管理机构的组成和职责,明确基金的征收、使用和管理的具体办法由国务院财政部门和国务院交通运输主管部门制定。

本条第一款是关于基金征收的规定,明确了船舶油污损害赔偿基金的缴纳义务人为在中华人民共和国管辖水域接收海上运输持久性油类物质的货物所有人或者其代理人。首先,只有经过海上运输并完成水上接收作业的持久性油类物质才需缴纳船舶油污损害赔偿基金,包括:(1)经过海上运输卸载至我国沿海港口的持久性油类物质;(2)经过海上运输卸载至我国内河港口接收的持久性油类物质。对过境运输的持久性油类物质不征收船舶油污损害赔偿基金。其次,由于非持久性油类在一定情况下可以分解,对环境造成的危害较小,参照国际通行做法,只对运输持久性油类物质的货主及其代理商征收船舶油污损害赔偿基金。最后，货物所有人系指接收持久性油类物质的货主，代理人是经货物所有人授权委托的人，包括货运代理人、收货人等与该持久性油类物质接收有关的人。

本条第二款是明确由国务院财政部门会同国务院交通运输主管部门负责基金征收、使用和管理办法的制定。建立具有中国特色的船舶油污损害赔偿机制，一方面要开展船舶强制油污保险，另一方面要设立中国船舶油污损害赔偿基金。本条例已对船舶强制油污保险做了相应规定，具体实施办法由国务院交通运输主管部门规定；对于基金，本条例也仅作原则性规定，具体的基金征收、使用和管理的规定需另行制定，力求维护基金的利益，提高基金的理赔能力，保证索赔申请人得到公正的、合理的、及时的赔偿或补偿。作为船舶污染防治的主管部门——交通运输部，以及作为基金的主管部门——财政部，早在2003年初就已经着手开展建立国内船舶油污损害赔偿基金的准备工作，起草了《船舶油污损害赔偿基金征收和使用管理办法（草案）》，草案中明确了基金的性质，基金的征收办法和征收标准，基金的用途和管理等内容。此外，围绕该办法交通运输部和财政部正在制定相关的实施细则文件，如基金管理委员会章程、基金理赔程序、基金财务管理办法、油污损害评估机构的选定程序等，通过制定实施细则文件，来确定基金管理的基本问题和基本原则，包括基金名称、设立基金的目的、基金资金的来源、管理机构的组成职责和议事规则、基金的财务制度、基金的使用制度、基金的监督管理等，帮助受害人了解索赔如何申请、需要提供哪些材料，规范基金对油污事故的受理、审核、批准及赔付的行为。

本条第三款是关于设立船舶油污损害赔偿基金管理机构的规定，明确了基金管理人及其组成方式。参照国际油污基金以及其他国家的通行做法，为做好船舶油污损害赔偿基金的日常管理工作,以对基金实施全面决策管理,国家设立船舶油污损害赔偿基金管理委员会,其职责包括决定基金管理的重大事项,通过召开会议的形式,制定基金的基本管理制度、基金的预决算,确定执行委员会和秘书处等下属机构的工作职责和工作任务,监督审议下属机构工作等。考虑到船舶油污损害赔偿基金管理委员会日常管理工作较多,国外一般都在国家油污基金委员会下设立类似秘书处的专门机构,来负责协调委员会各成员单位和委员会的日常运行,并通过设立基金管理中心具体负责船舶油污损害赔偿基金的日常管理工作,例如美国的基金管理中心。我国的油污基金处于起步阶段,应当借鉴国外的油污基金管理经验,也应在国家船舶油污损害赔偿基金管理委员会下设立秘书处的同时,再设立美国基金管理中心类似的机构,具体承担油污损害赔偿基金的日常管理,协助秘书处开展有关工作。此外,本款还规定了船舶油污损害赔偿基金管理委员会的组成。有关行政机关应包括交通运输部、财政部等国家有关部门,缴纳基金的货主主要由石油货主代表组成,考虑到石油货主众多,可以选择年摊款量达到一定数额的石油货主作为代表参加船舶油污损害赔偿基金管理委员会。

第五十七条　对船舶污染事故损害赔偿的争议,当事人可以请求海事管理机构调解,也可以向仲裁机构申请或者向人民法院提起民事诉讼。

【释义】　本条是关于处理船舶污染事故损害赔偿争议法律途径的规定。

本条规定,船舶污染事故损害赔偿争议的处理,有三种途径:一是由当事人依照本条例规定向海事管理机构申请调解处理;二是由当事人直接就赔偿责任和赔偿金额向人民法院提起诉讼;三是在达成仲裁协议后,向仲裁机构申请仲裁。

海事管理机构就海洋环境污染损害赔偿纠纷所进行的调解的

性质为行政调解，即以争议双方自愿为基础，由行政机关主持，以国家法律、法规及政策为依据，通过对争议双方的说服与劝导，促使双方当事人互让互谅、平等协商、达成协议。之所以要赋予海事管理机构调解的职能，主要因为海事管理机构作为船舶污染防治的主管机关，掌握有关船舶污染事故的第一手资料，能客观、公正、迅速地对船舶污染事故的原因、经过、损害情况作出判定，将其作为调解人，能给船舶污染事故损害赔偿争议的当事人提供一个较快解决争议的途径。如果达成调解协议后，争议一方不予执行或反悔，另一方可以向法院提起诉讼。本条一方面赋予了海事管理机构就船舶污染事故损害赔偿纠纷争议的调解权，同时又进一步明确了调解不是一个必经的程序，也不是诉讼的前置程序，争议当事人可直接向人民法院提起民事诉讼或向仲裁机构申请仲裁。

由于船舶造成海洋环境污染损害所应当承担的责任属于民事责任，所以由此引起的关于赔偿责任和赔偿金额的纠纷争议当属民事纠纷。无论是当事人经过有关部门调解处理不成而向人民法院提起诉讼，还是当事人直接向人民法院提起诉讼，都属于民事诉讼，起诉、受理、判决、执行等程序都应当按照有关民事诉讼法律的规定执行。

第八章 法律责任

【本章提要】 本章共17条,主要是对违反本条例有关规定的行为应追究的行政责任进行了规定,明确了船舶及其有关作业活动的人员和单位不遵守本条例规定所应当承担的法律后果,对加强防治船舶及其有关作业活动污染海洋环境的监督管理尤为重要。考虑到条例是《中华人民共和国海洋环境保护法》的具体细化,对该法已经具体明确法律责任的,本条例只列明了相应的违法行为,具体的处罚种类、处罚幅度按照《中华人民共和国海洋环境保护法》的有关规定执行。同时,考虑到行政强制惩戒性和引导性,本章对海事管理机构发现船舶及其有关作业活动的人员和单位不遵守本条例规定的行为,可以采取的行政强制措施也进行了明确。

第五十八条　船舶、有关作业单位违反本条例规定的,海事管理机构应当责令改正;拒不改正的,海事管理机构可以责令停止作业、强制卸载,禁止船舶进出港口、靠泊、过境停留,或者责令停航、改航、离境、驶向指定地点。

【释义】　本条是关于海事管理机构发现有违反本条例规定的行为时采取有关行政强制措施的规定。

1. 根据行政法的一般原理,对于行政管理相对人实施的违法行为,行政机关应当追究其相应的法律责任,但不能简单地一罚了事,而应当要求当事人改正其违法行为,不允许其违法状态继续存在下去。依照《行政处罚法》第二十三条规定:"行政机关实施行政处罚时，应当责令当事人改正或者限期改正违法行为”，“责令改正”是行政机关在实施行政处罚时应当采取的行政措施。责令改正的内容，包括由行政执法机关要求违法行为人立即停止违法行为，并立即或者限期采取改正措施，消除其违法行为造成的危害后果，恢复合法状态。

2.“违反本条例规定的”的违法主体，根据条例的规定，包括：船舶、船舶所有人、经营人或者管理人，港口、码头、装卸站、船舶修（造）厂以及其他从事船舶有关活动的作业单位的经营人，污染危害性货物的货主、代理人，等等。

3. 如果违法当事人拒不改正的，根据本条的规定，海事管理机构应当依法采取相应的行政强制措施。“拒不改正”主要包括三种情形：一是在海事管理机构规定的改正期限内，未采取相应的改正措施；二是拒绝采取改正措施；三是采取了改正措施，但仍不符合本条例的相关要求。

4. 海事管理机构根据本条规定采取强制措施时，应当按照规定的程序实施，采取的强制措施要适当，防止滥用，尽可能避免造成船舶不当延误等给当事人带来的不便。

第五十九条　违反本条例的规定，船舶的结构不符合国家有关防治船舶污染海洋环境的技术规范或者有关国际条约要求的，由海事管理机构处10万元以上30万元以下的罚款。

【释义】　本条是关于船舶结构不符合相关防治污染要求应当承担的法律责任的规定。

本条规定是针对违反条例第十条第一款的行为作出的。根据条例第十条第一款规定，船舶的结构、设备、器材应当符合国家有关防治船舶污染海洋环境的船舶检验规范和规定的要求以及我国缔结或参加的国际条约的要求。目前我国已缔结或参加的关于防治船舶污染海洋环境的国际条约对船舶结构有要求的，主要有

《SOLAS 74 公约》、《73/78 防污公约》。此外在《国际海运危险货物规则》、《国际散装运输危险化学品船舶构造和设备规则》、《国际散装运输液化气体船舶构造和设备规则》中还对载运具有污染危害性货物的船舶的结构和设备作出了特殊要求。我国的法律、法规、规章、船舶法定检验规范和有关公约对船舶防污结构的要求均属于强制性要求，对于结构不符合相关防污规定要求的船舶，应当按照本条的规定追究其法律责任。

结构符合上述强制性要求的船舶应当持有本条例第十条第二款规定的证书。对于未持有相应证书的船舶，海事管理机构应当视具体情况作出处罚，如经调查表明虽未取得证书，但结构符合有关强制性要求的，应按本条例第 60 条(一)项处罚，如结构不符合有关强制性要求的，方可依照本条规定进行处罚。尽管船舶持有上述证书，船舶进行了改建或者发生事故后未经海事管理机构认可的船舶检验机构检验合格，或者船舶擅自增设置舷外出口或者通往舷外的管线等对结构的改造，海事管理机构也可以按照本条进行处罚。

第六十条　违反本条例的规定，有下列情形之一的，由海事管理机构依照《中华人民共和国海洋环境保护法》有关规定予以处罚：

（一）船舶未取得并随船携带防治船舶污染海洋环境的证书、文书的；

（二）船舶、港口、码头、装卸站未配备防治污染设备、器材的；

（三）船舶向海域排放本条例禁止排放的污染物的；

（四）船舶未如实记录污染物处置情况的；

（五）船舶超过标准向海域排放污染物的；

（六）从事船舶水上拆解作业，造成海洋环境污染损害的。

【释义】　本条是关于《中华人民共和国海洋环境保护法》已

规定具体行政处罚的有关违法行为的法律责任的规定。

(1)“未取得并随船携带防污证书、文书”主要是针对违反条例第十条第二款的行为作出的。根据第十条第二款规定,船舶应当取得并携带相应的防治船舶污染海洋环境的证书、文书。中国籍船舶防治船舶污染海洋环境的证书、文书是由海事管理机构或者国家海事管理机构授权的组织签发或认可的。主要包括船舶防污染结构证书、适装证书、污染损害赔偿责任证书及污染物排放、操作记录簿等文书。

本条规定的“未取得并随船携带防污证书、文书”的违法行为包括两种情形:一是未取得相应防治船舶污染海洋环境的证书、文书;二是已取得但未随船携带相应防治船舶污染海洋环境的证书、文书。

(2)未配备防污设备和器材。这款所指的一是船舶、港口、码头、装卸站未配备防污设备和器材;二是船舶、港口、码头、装卸站配备的防污设备和器材的种类和数量不满足有关规范和标准的要求;三是船舶、港口、码头、装卸站配备的防污设备和器材的质量不符合有关规范和标准的要求。

我国《海洋环境保护法》第六十四条规定:“船舶必须配置相应的防污设备和器材。”船舶吨位、航区、类型和用途的不同,相关国际公约和检验规范中对船舶防污染设备、器材的配备要求也不相同。一般来说,船舶防污染设备、器材包括但不局限于以下内容:排油监控系统和油水分离与过滤设备、国际标准排放接头、溢油围控与回收器材、船舶垃圾储存及处理设备、焚烧炉等。港口、码头、装卸站应当配备的防污设备和器材,至少应包括本条例第十二条中规定的污染监视设施和污染物接收设施以及第十三条中规定的防污应急设备和器材。

配备的防污设备和器材不符合要求也应被视为未配备防污设备和器材的一种。船舶配备的防污设备和器材,除了应当在配备的数量、种类和质量上应上符合国家有关防治船舶污染海洋环境的检验规范和规定以及我国缔结或者参加的国际公约的要求，并使之保持有效和随时可用状态。港口、码头、装卸站配备的防污设备和器材应符合《港口码头溢油应急设备配备要求》以及有关船舶污染物接收能力要求等相关规范和标准。如果防污设备和器材未能保持有效和随时可用状态，仍应被视为配备的防污设备和器材不符合要求。

(3)船舶向海域排放本条例禁止排放的污染物。根据本条例第十五条第三款的规定，船舶不得在依法划定的海洋自然保护区和特别保护区、海滨风景名胜区、重要渔业水域以及其他需要特别保护的海域排放污染物。船舶在上述区域排放污染物，无论数量多少就要承担相应的法律责任。此处的污染物是指船舶在装卸、运输、运行过程中加注、产生、贮存和排出的可能对环境造成污染损害的任何物质，包括船舶垃圾、生活污水、含油污水、含有有毒物质污水、废气等。对于那些属于禁止排放的污染物，条例没有重复其《海洋环境保护法》的规定，可以按照《海洋环境保护法》第三十三条第一款的规定来判断，即禁止向海域排放的污染物包括以下五种：油类、酸液、碱液、剧毒废液和高、中水平放射性废水。这五种属于绝对禁止排放的污染物，违法排放就要承担相应的法律责任。

(4)未如实记载污染物处置记录的。这是违反条例第十六条规定的行为。根据第十六条的规定，船舶处置污染物，应当在相应的记录簿内如实记录。船舶对污染物确实进行合法处置了，但由于未进行记录或者所记录的内容与实际处置内容不一致，均属于未如实记载污染物处置记录的行为，应当受到行政处罚。但是如果船舶未按照规定在船舶上留存船舶污染物处置记录，或者船舶污染物处置记录与船舶运行过程中产生的污染物数量不符合的，则应当视作船舶污染物去向不明对待，对此类行为的行政处罚应当按照本条例第六十一条实施。

(5)船舶超过标准向海域排放污染物。这是违反本条例第十五条第一款规定的行为。根据第十五条第一款的规定,船舶在我国管辖海域向海洋排放船舶垃圾、生活污水、含油污水、含有有毒物质污水、废气等污染物以及压载水,应当符合法律、行政法规、我国缔结或者参加的国际条约以及相关标准要求。本项规定针对在特定禁排海域外超标排放污染物。

(6)从事船舶水上拆解作业,造成海洋环境污染损害的。

本条例第三十条对预防船舶水上拆解作业造成海洋环境污染作出了相关规定,要求从事船舶拆解的单位在船舶拆解作业前,应当对船舶上的残余物和废弃物进行处置,将油舱(柜)中的存油驳出,及时清理船舶拆解现场,并按照国家有关规定处理船舶拆解产生的污染物。禁止采取冲滩方式进行船舶拆解作业。如果从事船舶水上拆解的单位在进行拆解作业前、拆解作业过程中或者拆解作业后因为未妥当处置船舶上的残余物和废弃物,或者未按照国家有关规定处理船舶拆解产生的污染物,或者未采取环保的方式拆解船舶,造成海洋环境污染损害的,则海事管理机构应当按照本条追究其法律责任。从事船舶水上拆解作业的单位被追究其行政法律责任后,不排除其造成海洋环境污染损害所引发的民事责任。

第六十一条　违反本条例的规定,船舶未按照规定在船舶上留存船舶污染物处置记录,或者船舶污染物处置记录与船舶运行过程中产生的污染物数量不符合的,由海事管理机构处 2 万元以上 10 万元以下的罚款。

【释义】　本条是关于船舶不按规定留存船舶污染物处置记录以及通过处置记录推定船舶非法排放船舶污染物法律责任的规定。

(1)按照本条例的规定,船上所有涉及污染物排放、作业及相关操作，都应如实记录在规定的记录簿或船舶文书中并随时接受船旗国和港口国政府海事行政主管机关的检查。但在实践中，有时尽管从表面上看，船舶已按规定记录了污染物的相关处置操作，但根据监督人员的合理计算，船舶运行过程中应当产生的污染物数量与污染物处置记录并不符合，存在明显出入，那么船舶就存在了违法排污的嫌疑。鉴于船舶违法排污的行为往往在海上航行中进行，证据容易灭失，海事管理机构无法及时发现和进行现场取证，为了严格规范船舶污染物的排放，本条例将污染物处置记录与船舶运行过程中产生的污染物数量不符合的情形，按照船舶存在违法排放行为明确了相应的法律责任。

（2）根据第十五条第二款的规定，有关记录簿应当在作最后一次记录后在船舶上保留 2 年或者 3 年。污染物排放或处置记录是判断船舶是否按照规定进行污染物的排放或处置操作的直接证据，没有处置记录就无法证明船舶污染物的去向，因此，本条例将船舶未按照规定在船上留存船舶污染物处置记录的行为，也按照船舶存在违法排放行为明确了相应的法律责任。

（3）本条针对的罚款数额幅度为 2 万元以上 10 万元以下，高于不配备防污文书、证书和不按照规定记载排污记录的行为 2 万元以下的罚款幅度。其主要原因在于本条设定的处罚关注点不在于留存记录和记载排污记录行为本身，而是通过排污记录反映出来的船舶存在违法排放污染物行为的问题，与船舶未按照规定要求排放污染物行为的处罚幅度相一致。因此，在船舶不能提供油类记录簿等记录处置记录的法定文书时，应该按照本条规定进行处罚。

第六十二条　违反本条例的规定，船舶污染物接收单位未经海事管理机构批准，擅自从事船舶垃圾、残油、含油污水、含有毒有害物质污水接收作业的，由海事管理机构处 1 万元以上 5 万元以

下的罚款；造成海洋环境污染的，处 5 万元以上 25 万元以下的罚款。

【释义】 本条是关于违反污染物接收作业许可有关规定应承担的行政法律责任的规定。

(1)本条规定是针对违反条例第十七条规定的行为作出的。

(2)本条规定中对于未经海事管理机构批准，擅自从事船舶垃圾、残油、含油污水、含有毒有害物质污水接收作业，包含两层含义：一是船舶垃圾、残油、含油污水、含有毒有害物质污水接收作业未经海事管理机构批准。二是擅自变更海事管理机构批准的范围，如擅自变更海事管理机构批准的污染物接收作业的种类、数量等。

(3)本条规定的行政处罚种类为罚款，并依据违法行为是否产生了危害后果而设定了不同的处罚幅度。对于未经海事管理机构批准，擅自从事船舶垃圾、残油、含油污水、含有毒有害物质污水接收作业，但未造成海洋环境污染的船舶污染物接收单位，罚款数额幅度为 1 万元以上 5 万元以下；对已造成海洋环境污染的船舶污染物接收单位，罚款数额幅度为 5 万元以上 25 万元以下。

第六十三条 违反本条例的规定，船舶未按照规定办理污染物接收证明，或者船舶污染物接收单位未按照规定将船舶污染物的接收和处理情况报海事管理机构备案的，由海事管理机构处 2 万元以下的罚款。

【释义】 本条是关于违反船舶污染物接收作业有关规定应承担的行政法律责任的规定。

(1)船舶未按照规定办理污染物接收证明。这是违反条例第十八条规定的行为。根据第十八条的规定，船舶凭污染物接收单证向海事管理机构办理污染物接收证明。未按照规定办理污染接收证明的，应当受到行政处罚。

(2)船舶污染物接收单位未按照规定将船舶污染物的接收和处理情况报海事管理机构备案的。

这是违反条例第十九条规定的行为。根据第十九条的规定，船舶污染物接收单位应当按月度将船舶污染物的接收和处理情况报海事管理机构备案。本条所提未按规定的情形包括：一是未按月度进行备案；二是备案不及时；三是备案内容不完整、不真实。以上行为都属于未按规定进行备案的行为，均应受到行政处罚。

第六十四条　违反本条例的规定，有下列情形之一的，由海事管理机构处2000元以上1万元以下的罚款：

(一)船舶未按照规定保存污染物接收证明的；

(二)船舶燃油供给单位未如实填写燃油供受单证的；

(三)船舶燃油供给单位未按照规定向船舶提供燃油供受单证和燃油样品的；

(四)船舶和船舶燃油供给单位未按照规定保存燃油供受单证和燃油样品的。

【释义】　本条是关于违反船舶污染物接收证明保存规定和燃油供受作业有关规定应承担的行政法律责任的规定。

1.船舶未按规定保存污染物接收证明是违反了本条例第十八条第二款的规定。船舶未按规定保存污染物接收证明是指船舶未将船舶污染物接收证明保存在相应的记录簿中，如船舶垃圾接收证明未保存于船舶垃圾记录簿中，船舶残油、含油污水接收证明未保存于船舶油类记录簿中，含有毒有害物质污水接收证明未保存于船舶货物记录簿中等行为。船舶污染物接收证明如未被妥善保存，将被视为船舶存在污染物去向不明，或者污染物处置未按照规定进行的违法嫌疑，应当给予行政处罚。

2.本条有关燃油供受作业规定的违法行为包括以下三种：

(1)船舶燃油供给单位未如实填写燃油供受单证。

(2)未按规定向船舶提供燃油供受单证和所供燃油样品。

(1)和(2)均属于违反条例第二十八条第一款规定的行为。根据第二十八条第一款的规定,船舶燃油供给单位应当如实填写燃油供受单证,并将燃油供受单证和燃油样品提供给船舶。燃油供受单证和燃油样品应当是船舶燃油供应活动的真实反映和记录。对于违反规定的船舶燃油供给单位应当给予行政处罚。

(3)船舶和船舶燃油供给单位未按照规定保存燃油供受单证和燃油样品的。

这是违反条例第二十八条第二款规定的行为。根据第二十八条第二款的规定,船舶和船舶燃油供给单位应当将燃油供受单证保存3年,并将燃油样品妥善保存1年。燃油供受单证是证明船舶使用燃油数量,计算和判断船舶是否存在违法排污行为的依据。燃油样品是判断燃油的种类、质量及污染性质的直接依据,对于污染事故的调查处理具有主要作用。船舶和船舶燃油供给单位未保存燃油供受单证和燃油样品或者保存期限未达到本条规定的时限要求,不利于海事管理机构实行有效的船舶污染监督管理,也是违反本条例规定的,应当受到相应的行政处罚。

第六十五条　违反本条例的规定,有下列情形之一的,由海事管理机构处2万元以上10万元以下的罚款:

(一)载运污染危害性货物的船舶不符合污染危害性货物适载要求的;

(二)载运污染危害性货物的船舶未在具有相应安全装卸和污染物处理能力的码头、装卸站进行装卸作业的;

(三)货物所有人或者代理人未按照规定对污染危害性不明的货物进行危害性评估的。

【释义】　本条是关于违反船舶载运污染危害性货物有关规定应承担的行政法律责任的规定。

1. 本条规定的违法行为主要包括以下三种：

(1)载运污染危害性货物的船舶不符合污染危害性货物适载要求。

这是违反条例第二十一条规定的行为。根据第二十一条规定，船舶不符合污染危害性货物适载要求的，不得载运污染危害性货物。因此，船舶违法载运需要承担相应的行政法律责任。

(2)船舶未在海事管理机构公布的码头、装卸站进行污染危害性货物装卸作业。

这是违反条例第二十三条规定的行为。根据第二十三条规定，载运污染危害性货物的船舶，应当在海事管理机构公布的具有相应安全装卸能力和污染物处理能力的码头、装卸站进行装卸作业。因此，船舶违反该规定的，应当按照本条对其进行处罚。

(3)载运危害性不明的货物未按照规定申请危害性评估。

这是违反条例第二十四条第二款规定的行为。根据第二十四条第二款规定，货物所有人或代理人交付船舶载运污染危害性不明的货物，应当由国家海事管理机构认定的评估机构进行危害性评估，明确货物的危害性质和船舶载运的安全和防治污染的要求后，方可交付船舶运输。因此，处罚的对象是货物所有人或代理人。

2. 对于本条中的违法行为，海事管理机构应当首先采取责令停止作业或者强制卸载的强制措施，并同时给予行政处罚。责令停止作业主要是针对正在进行污染危害或者危害不明货物装卸作业的船舶、码头和装卸站采取的。强制卸载是针对船上载有污染危害或者危害不明货物的船舶采取的。

第六十六条　违反本条例的规定，未经海事管理机构批准，船舶载运污染危害性货物进出港口、过境停留、进行装卸或者过驳作业的，由海事管理机构处 1 万元以上 5 万元以下的罚款。

【释义】 本条是关于船舶载运污染危害性货物进出港口、过境停留、进行装卸或者过驳作业未取得海事管理机构批准应承担的法律责任的规定。

本条规定的违法行为主要包括：

(1)未经许可船舶载运污染危害性货物擅自进出港口、过境停留或装卸作业的。

这是违反条例第二十二条规定的行为。根据条例第二十二条和交通运输部的有关规定，船舶载运污染危害性货物进出港口，承运人或者其代理人应当在进出港之前提前24小时(航程不足24小时的，在驶离上一港口时)向海事管理机构办理船舶适载申报手续；货物所有人或者其代理人应当在船舶进港之前提前24小时向海事管理机构办理货物适运申报手续。货物适运申报和船舶适载申报经海事管理机构审核同意后，船舶方可进出港口、过境停留或者进行装卸作业。这也是《海洋环境保护法》第六十七条中明确规定的一项行政许可行为。

未经许可船舶载运污染危害性货物擅自进出港口、过境停留或装卸作业，主要适用以下三种情形：一是，未按规定办理船舶适载申报或者货物适运申报；二是，船舶适载申报或者货物适运申报未得到海事管理机构的批准；三是，申报的内容与实际载运的情况不符。

(2)未经许可擅自进行散装液体污染危害性货物过驳作业的。

这是违反条例第二十六条规定的行为。根据第二十六条的规定，进行散装液体污染危害性货物过驳作业的船舶，其承运人、货物所有人或者代理人应当向海事管理机提出申请，告知作业地点，并附送过驳作业方案、作业程序、安全和应急措施等材料。

未经许可擅自进行散装液体污染危害性货物过驳作业系指：一是散装液体污染危害性货物过驳作业未经海事管理机构批准；

二是擅自变更海事管理机构批准的范围,如擅自变更海事管理机构批准的散装液体污染危害性货物过驳作业的种类、数量等。

第六十七条 违反本条例的规定,有下列情形之一的,由海事管理机构处2万元以上10万元以下的罚款:

(一)船舶发生事故沉没,船舶所有人或者经营人未及时向海事管理机构报告船舶燃油、污染危害性货物以及其他污染物的性质、数量、种类、装载位置等情况的;

(二)船舶发生事故沉没,船舶所有人或者经营人未及时采取措施清除船舶燃油、污染危害性货物以及其他污染物的。

【释义】 本条是关于船舶沉没后其所有人或者经营人未遵守本条例的规定应承担的法律责任的规定。

1. 本条规定是针对违反条例第四十条第二款规定的行为作出的,具体包括两种违法情形:

(1)船舶沉没后未及时报告船舶污染物的有关情况。

根据条例第四十条第二款,船舶沉没后,船舶所有人或者经营人应当及时向海事管理机构报告船舶燃油、污染危害性货物以及其他污染物的性质、数量、种类、装载位置等,并及时采取措施予以清除。条例中未明确规定报告的时限,此处的"及时"应当理解为自船舶所有人或经营人知道事故发生后的合理时间内。参照《海上交通事故调查处理条例》中关于《海上交通事故报告书》提交时间的规定,通常应当不超过自船舶所有人或者经营人在得知船舶沉没事故发生后的24小时,但也需要对具体情况具体分析。如果在此期限内,船舶所有人或经营人未向海事管理机构报告沉没船舶上污染物的有关情况的,应当视为本条规定的未及时报告行为,并应追究其相应的法律责任。

(2)船舶沉没后未及时采取措施予以清除。

根据条例第四十条第二款,船舶沉没后,船舶所有人或者经营人应当及时采取措施予以清除。条例中并未规定明确的清除措施采取时限,但是船舶污染物的清除措施采取时限最迟不能迟于海事管理机构所指定的打捞清除期限截止期,否则就应当视为未及时采取措施予以清除,追究相应的法律责任。

2. 本条规定的法律责任为行政处罚。由于船舶所有人或者经营人是本规定涉及行为的义务主体,因此罚款对象应当是船舶所有人或者经营人。

第六十八条　违反本条例的规定,有下列情形之一的,由海事管理机构处 1 万元以上 5 万元以下的罚款:

(一)载运散装液体污染危害性货物的船舶和 1 万总吨以上的其他船舶,其经营人未按照规定签订污染清除作业协议的;

(二)未取得污染清除作业资质的单位擅自签订污染清除作业协议并从事污染清除作业的。

【释义】　本条是关于违反污染清除作业协议有关规定以及污染清除作业单位资质规定应承担的法律责任的规定。

本条规定具体包括两种违法行为:

(1)船舶经营人应当签订污染清除作业协议而未签订的行为。根据第三十三条第一款的规定,载运散装油类、散装有毒有害液体的船舶和 1 万总吨以上的其他船舶,其经营人应当在作业前或者进出港口前与取得污染清除作业资质的污染清除单位签订污染清除作业协议,明确双方在发生船舶污染事故后污染清除的权利和义务。因此,经营人是义务主体,也是相应的行政法律责任的承担主体。

(2)未取得污染清除作业资质的单位擅自签订污染清除作业协议并从事污染清除作业的行为。根据第三十三条的规定,只有取得污染清除作业资质的污染清除作业单位方可与船舶经营人签订污染清除作业协议,并在发生船舶污染事故后,按照污染清除作业协议及时进行污染清除作业。因此，对于未取得海事管理机构批准擅自签订污染清除作业协议，并且已实际从事污染清除作业（包括在船舶作业期间布设围油栏等）的单位应当给予行政处罚；对于未取得海事管理机构批准擅自签订污染清除作业协议，但并没有实际从事污染清除作业的单位则不给予行政处罚。

第六十九条 违反本条例的规定，发生船舶污染事故，船舶、有关作业单位未立即启动应急预案的，对船舶、有关作业单位，由海事管理机构处2万元以上10万元以下的罚款；对直接负责的主管人员和其他直接责任人员，由海事管理机构处1万元以上2万元以下的罚款。直接负责的主管人员和其他直接责任人员属于船员的，并处给予暂扣适任证书或者其他有关证件1个月至3个月的处罚。

【释义】 本条是关于违反启动应急预案有关规定应承担的法律责任的规定。

1. 本条规定是针对违反条例第三十七条规定的船舶污染事故应急预案义务行为作出的。根据条例第十四条的规定，船舶以及有关作业单位应当制定防治船舶及其有关作业活动污染海洋环境的应急预案，并报海事管理机构批准或者备案；条例第三十七条进一步规定，在中华人民共和国管辖海域内发生船舶污染事故，或者在中华人民共和国管辖海域外发生船舶污染事故造成或者可能造成中华人民共和国管辖海域污染的，应当立即启动相应的应急预案，采取措施控制和消除污染。

船舶污染事故对海洋环境会造成巨大的有形或无形损害，如不及时采取措施，可能产生的事故后果是不可估量的。应急预案的制定目的就是为了在发生污染事故时，能够有组织、有计划地采取有效措施控制、减轻和消除船舶污染。在发生污染事故时，立即启动应急预案是预案制定单位的一项重要义务，如果违背此项义务应当承担相应的法律责任。

2. 本条规定的法律责任承担主体包括:船舶、有关作业单位、直接负责的主管人员和其他直接责任人员。法律责任的承担方式为行政处罚,处罚种类包括罚款和扣留船员适任证书两种。对于法律责任的各承担主体,根据本条规定,应当采取并罚的方式,处罚的种类和幅度因责任承担主体的身份不同而有所区别。对于单位主体,应当追究其管理责任,适用罚款的处罚形式,罚款数额幅度相对较高;对于直接负责的主管人员和其他直接责任人员,应当分别追究其领导责任和直接责任,适用罚款处罚,但考虑到个体的承受能力,罚款的数额幅度相对单位主体较低;如果直接负责的主管人员和其他直接责任人员的身份为船员,应当在罚款同时,还应给予扣留船员适任证书的处罚。

第七十条　违反本条例的规定,发生船舶污染事故,船舶、有关作业单位迟报、漏报事故的,对船舶、有关作业单位,由海事管理机构处5万元以上25万元以下的罚款;对直接负责的主管人员和其他直接责任人员,由海事管理机构处1万元以上5万元以下的罚款。直接负责的主管人员和其他直接责任人员属于船员的,并处给予暂扣适任证书或者其他有关证件3个月至6个月的处罚。瞒报、谎报事故的,对船舶、有关作业单位,由海事管理机构处25万元以上50万元以下的罚款;对直接负责的主管人员和其他直接责任人员,由海事管理机构处5万元以上10万元以下的罚款。直接负责的主管人员和其他直接责任人员属于船员的,并处给予吊销适任证书或者其他有关证件的处罚。

【释义】　本条是关于违反事故报告有关规定应承担的法律责任的规定。

1. 本条规定中的违法行为包括以下两类情形:

(1)迟报、漏报船舶污染事故

这是违反条例第三十七条第一款规定的船舶污染事故报告义务的行为。条例第三十七条第一款规定，在中华人民共和国管辖海域内发生船舶污染事故，或者在中华人民共和国管辖海域外发生船舶污染事故造成或者可能造成中华人民共和国管辖海域污染的，应当立即向就近的海事管理机构报告。条例虽然未对报告方式作出明确规定，但参照《海上交通事故调查处理条例》的规定，报告应当采用甚高频电话、无线电报或其他有效手段。这些报告手段都能实现在事故发生后第一时间的即时报告。如果船舶在允许的正常报告时间范围内没有报告，且没有迟报和漏报的合理理由，即可视为迟报、漏报，均属于违反第三十七条第一款的行为，应当追究相应的法律责任。

(2)瞒报、谎报船舶污染事故

这是违反条例第三十八条规定的行为。条例第三十八条对船舶污染事故报告的内容作出了详细、明确规定，并规定事故报告后出现新情况的，应当及时补报。如果船舶、有关作业单位提交的事故报告有意隐瞒相关情况或出现新情况后，故意不进行补报，即构成瞒报船舶污染事故行为；如果船舶、有关作业单位提交的事故报告故意歪曲事实，导致报告内容不正确、不真实，即构成谎报船舶污染事故行为。瞒报、谎报船舶污染事故，均违反了第三十八条的义务规定，应当追究相应的法律责任。

2. 本条规定的法律责任承担主体包括：船舶、有关作业单位、直接负责的主管人员和其他直接责任人员。法律责任的承担方式为行政处罚，处罚种类包括罚款、扣留船员适任证书、吊销船员适任证书三种。其中罚款的处罚种类是对各责任承担主体普遍适用的，扣留船员适任证书、吊销船员适任证书的处罚种类是专门针对船员适用的。本条针对上述两类违法行为，分别规定了不同的处罚种类和幅度，为瞒报、谎报事故行为设定了比迟报、漏报事故行为更加严格的法律责任，这主要是由于考虑到了违法行为人的主观过错程度，也充分体现了过罚相当的法律责任承担原则。

第七十一条　违反本条例的规定，未经海事管理机构批准使用化学消油剂的，由海事管理机构对船舶或者使用单位处1万元以上5万元以下的罚款。

【释义】　本条是关于违反使用化学消油剂有关规定应承担的法律责任的规定。

条例第四十三条第三款规定：船舶、有关单位使用消油剂处置船舶污染事故的，应当依照《中华人民共和国海洋环境保护法》有关规定执行。《中华人民共和国海洋环境保护法》第七十条第一款第三项规定：船舶、码头、设施使用化学消油剂应当报经海事管理机构批准。因此，在污染事故的污染物清除处置过程中，船舶、码头、设施以及污染清除作业单位未经海事管理机构批准使用化学消油剂的，应当给予处罚。本条所指的使用单位，包括码头、设施以及其他从事船舶活动的有关作业单位。

第七十二条　违反本条例的规定，船舶污染事故的当事人和其他有关人员，未如实向组织事故调查处理的机关或者海事管理机构反映情况和提供资料，伪造、隐匿、毁灭证据或者以其他方式妨碍调查取证的，由海事管理机构处1万元以上5万元以下的罚款。

【释义】　本条是关于违反船舶污染事故调查有关规定应承担的法律责任的规定。

1. 本条规定主要针对违反条例第四十八条规定的行为，包括以下两种行为：

(1)未如实提供事故有关情况和资料

在船舶污染事故发生后，船舶污染事故的当事人和其他有关人员应当协助配合事故调查机关进行事故的调查处理。对于事故调查机关询问的与事故有关的情况，相关人员应当如实陈述。对于事故调查机关要求提供的资料，包括能证明事故发生原因、损害后果以及防止或减轻污染损害措施采取情况等与事故调查处理相关的船舶证书、文书等，相关人员应当如实提供。未能履行如实提供义务的，应当承当相应的法律责任。

(2)伪造、隐匿或者毁灭证据

此处的证据，是指能够直接或间接证明船舶污染事故发生原因、经过及后果的文字、物品及其痕迹等，包括书证、物证、鉴定结论等多种形式。伪造、隐匿或者毁灭证据，会干扰和破坏正常的事故调查处理秩序，因此应当承当相应的法律责任。

(3)其他妨碍调查取证的行为

除上述(1)、(2)所列情形以外的，其他妨碍调查取证行为，例如拒绝调查、采取暴力方式等阻止或者干扰调查。

2. 本条规定的法律责任为行政处罚，处罚种类为罚款，处罚对象为船舶污染事故的当事人和其他有关人员。船舶污染事故的当事人是指发生船舶污染事故的当事船舶，以及因碰撞而引发污染事故时，发生污染事故当事船舶以外的另一方碰撞船舶。其他有关人员是指对船舶污染事故发生具有直接或间接责任的人员、污染事故当事船舶上的其他人员以及受到污染事故损害的其他人员等。

第七十三条　违反本条例的规定，船舶所有人有下列情形之一的，由海事管理机构责令改正，可以处5万元以下的罚款；拒不改正的，处5万元以上25万元以下的罚款：

(一)在中华人民共和国管辖海域内航行的船舶，其所有人未按照规定投保船舶油污损害民事责任保险或者取得相应的财务担保的；

(二)船舶所有人投保油污损害民事责任保险或者取得的财务担保的额度低于《中华人民共和国海商法》、中华人民共和国缔

结或者参加的有关国际条约规定的油污赔偿限额的。

【释义】 本条是关于违反投保船舶油污损害民事责任保险或者取得其他财务担保有关规定应承担的法律责任的规定。

1. 本条规定的违法行为主要包括以下两种：

(1)未按照规定投保船舶油污损害民事责任险或者取得其他财务担保。

这是违反条例第五十三条第一款规定的行为。根据第五十三条第一款规定，除1000总吨以下载运非油类物质的船舶之外，在我国管辖海域内航行的船舶没有按照国务院交通运输主管部门的规定投保船舶油污损害民事责任保险或者取得其他财务担保。

(2)船舶投保油污损害民事责任险或者取得担保的额度低于规定的油污赔偿责任限额。

这是违反条例第五十三条第二款规定的行为。根据第五十三条第二款规定，船舶投保油污损害民事责任险或者取得担保的额度应当不低于《中华人民共和国海商法》和我国缔结或者参加的有关国际公约规定的油污赔偿责任限额。

2. 本条规定的罚款数额幅度应当视责令改正的结果而定。如果违法行为人已经按规定进行改正，罚款的数额幅度可为1万元以上5万元以下；但如果违法行为人拒不改正，则罚款的数额幅度应当调整至处5万元以上25万元以下。

第七十四条　违反本条例的规定，在中华人民共和国管辖水域接收海上运输的持久性油类物质货物的货物所有人或者代理人，未按照规定缴纳船舶油污损害赔偿基金的，由海事管理机构责令改正；拒不改正的，可以停止其接收的持久性油类物质货物在中华人民共和国管辖水域进行装卸、过驳作业。

货物所有人或者代理人逾期未缴纳船舶油污损害赔偿基金的，应当自应缴之日起按日加缴未缴额的万分之五的滞纳金。

【释义】　本条是关于违反缴纳船舶油污损害赔偿基金有关规定应承担的法律责任的规定。

(1)本条是针对违反条例第五十六条规定行为作出的。根据第五十六条规定,在我国管辖水域接收海上运输持久性油类物质的货物所有人或者其代理人应当缴纳船舶油污损害赔偿基金。船东和货主共同承担油污损害赔偿责任,是《中华人民共和国海洋环境保护法》中确立的一项关于油污损害赔偿的基本原则,而实现该原则的有效途径即建立船舶油污保险和油污损害赔偿基金制度。基金的足额缴纳是基金制度得以运转的先决条件,也是从接收海上运输持久性油类物质的货物所有人或其代理人的一项强制义务。如果违反了此项义务规定,就应承担相应的法律责任。

(2)本条规定的行政法律责任,并未采取行政处罚形式,而是采取了行政强制的方式。首先,对于应缴不缴的行为,海事管理机构应当责令限期改正,期限由海事管理机构根据基金数额和当事人的实际情况合理确定;其次,在逾期不改正的情况下,海事管理机构可以采取责令停业的强制措施,即停止其接收油类物质的装卸、过驳作业。此外,为了督促货物所有人或者其代理人按时缴纳基金,本条还设定了惩罚性的滞纳金条款。滞纳金与罚款的性质不同,并非行政处罚,而是属于一种行政强制执行措施。对于拒不缴纳滞纳金的,应通过法定程序向人民法院申请强制执行。

第九章 附 则

【本章提要】 本章共 4 条,是关于本条例与国际条约关系、渔业主管部门和军队环境保护部门在海洋环境保护方面的职责,以及本条例生效日期的规定。

第七十五条 中华人民共和国缔结或者参加的国际条约对防治船舶及其有关作业活动污染海洋环境有规定的,适用国际条约的规定。但是,中华人民共和国声明保留的条款除外。

【释义】 本条是关于本条例与国际条约关系的规定。

(1)联合国环境与发展大会通过的《21世纪议程》指出,"海洋是全球生命支持系统的一个基本组成部分,也是一种有助于实现可持续发展的宝贵财富。"并要求"沿海国承诺对在其国家管辖的沿海区和海洋环境进行综合管理和可持续发展"。因此世界各国除对海洋环境保护进行国内立法的同时,也相互间签订了一系列的海洋环境保护国际条约,以促进海洋环境保护工作。我国作为海洋大国积极参加了国际海洋环境保护的合作,并缔结、参加了有关海洋环境保护的重要国际条约。主要有:《联合国海洋法公约》(1994 年 11 月 16 日生效)、《关于 1973 年国际防止船舶造成污染公约的 1978年议定书》、《关于 1972 年防止倾倒废物及其他物质污染海洋公约的 1996年议定书》、《1969年国际干预公海油污事故公约》、《1973 年干预公海非油类物质污染议定书》、《1992年国际油污损害民事责任公约》、《2001年国际燃油损害民事责任公约》、《1990 年国际油污防备、反应和合作公约》、《控制危险废物越境转移及其处置巴塞尔公约》、《南极条约》等。

（2）如果国际条约的成员国的国内法与其缔结或者参加的国际条约有冲突的，实行国际法优于国内法的原则，成员国有遵守国际条约的义务，同时成员国对国际条约的某些条款有作出保留的权利，被保留的条款不适用于保留国，本条的规定正是按照这一原则规定的。也就是说，一方面我国要严格履行与海洋环境保护有关的国际条约的义务，另一方面可以不受我国声明保留的条款的约束。

第七十六条　县级以上人民政府渔业主管部门主管渔港水域内非军事船舶和渔港水域外渔业船舶污染海洋环境的监督管理工作，负责保护渔业水域生态环境，负责调查处理《中华人民共和国海洋环境保护法》第五条第四款规定的渔业污染事故。

【释义】　本条是关于县级以上人民政府渔业主管部门在海洋环境保护方面的职责的规定。

海洋环境保护工作涉及诸多部门，《中华人民共和国海洋环境保护法》对主要的几个涉及海洋环境保护监督管理的有关部门的职责分工已按国务院批准的"三定方案"作出了规定。《中华人民共和国海洋环境保护法》第五条第四款是关于国家渔业行政主管部门海洋环境保护职责的规定，主要有这样几个方面：一是负责渔港水域内非军事船舶和渔港水域外渔业船舶污染海洋环境的监督管理。"渔业船舶"同军事船舶一样，从设计制造、作业、管理等方面均与一般"船舶"有所区别。根据交通部和农业部的分工，渔业部门负责全国渔船的管理，包括登记、检验、发证和防污等工作。二是负责保护渔业水域生态环境工作。渔业水域生态环境是海洋生态系统的重要组成部分，是海洋环境保护的重要内容。渔业水域是指鱼虾类的产卵场、索饵场、越冬场、洄游通道和鱼虾贝藻类的养殖场。这是渔民赖以生存的"土地"，是渔业生产的物质条件。渔业行政主管部门要依法合理划定并管理渔业水域，分别采取禁渔区、保护区和确定养殖使用权等方式，保护经济鱼类和野生动植物的产卵场、越冬场、繁殖场、栖息地以及养殖水域等，并逐步向社会公布。三是调查处理渔业污染事故。渔业污染事故是指由于单位和个人将某种物质和能量引入海域，损坏渔业水域使用功能，影响渔业水域内的鱼虾贝藻类等海洋生物繁殖、生长或造成该生物大量死亡，以及造成该生物有毒、有害物质积累、质量下降等，对渔业资源和渔业生产造成损害的事件。按照《海洋环境保护法》第四条的规定，船舶污染事故造成的渔业污染事故由海事管理机构负责调查，除此之外的渔业污染事故，由渔业行政主管部门调查处理。

为了切实保护渔港水域环境，防治渔船污染海洋环境，保护渔业渔产，本条要求县级以上人民政府渔业主管部门应当承担起相应职责，以充分发挥地方政府在海洋环境污染防治方面的作用。

第七十七条　军队环境保护部门负责军事船舶污染海洋环境的监督管理及污染事故的调查处理。

【释义】　本条是关于军队环境保护部门在海洋环境保护方面的职责的规定。

海洋环境保护工作涉及诸多部门，《中华人民共和国海洋环境保护法》对主要的几个涉及海洋环境保护监督管理的有关部门的职责分工已按国务院批准的“三定方案”作出了规定。《中华人民共和国海洋环境保护法》第五条第五款是关于军队环境保护部门海洋环境保护职责的规定。根据这一款的规定，军队环境保护部门负责军事船舶污染海洋环境的监督管理，并负责对军队船舶造成的海洋环境污染事故进行调查处理。所以对军队环境保护部门的职责作出上述规定，加强军队环保部门负责军事船舶污染海洋环境的监督管理职责，主要有以下几个考虑；一是按照我国宪法的规定，中央军事委员会是国家机构的组成部分之一，有权行使部分国家权力；二是就我国法制建设的实际情况来说，军队具有自己的法制系统，对于军队违法行为，大多由军队法制部门和其他有关部门处理；三是从国家军事秘密的管理制度上看，我国军队负责军事机密的保护和管理工作，军事船舶大多用于军事目的，涉及军事秘密，所以，对于军事船舶的管理和其造成的污染事故的处理，由军队环境保护部门负责较为易行；四是这样规定有利于军队环境保护部门承担起国家赋予的保护海洋环境的神圣责任。

第七十八条　本条例自2010年3月1日起施行。1983年12月29日国务院发布的《中华人民共和国防止船舶污染海域管理条例》同时废止。

【释义】　本条是关于本条例生效日期的规定。

(1)本条例已经2009年9月2日国务院第79次常务会议通过，而其生效日期是2010年3月1日，之所以这样规定是为了留出一段时间为实施本条例作必要的准备工作，一方面要向广大人民群众宣传这部法规，使他们了解这部法规；另一方面有关行政执法部门及其工作人员要认真学习掌握这部法规，为实施本法规作必要的准备。

(2)随着《中华人民共和国防治船舶污染海洋环境管理条例》于2010年3月1日起施行，1983年12月29日国务院发布的《中华人民共和国防止船舶污染海域管理条例》同时自行废止。

(3)在修订后的《中华人民共和国防治船舶污染海洋环境管理条例》生效以前，即2010年3月1日以前，仍将适用原《中华人民共和国防止船舶污染海域管理条例》，也就是说，本法对其施行前发生的事实和行为不发生效力，这就是法律不溯及既往的原则。

附录

中华人民共和国防治船舶污染海洋环境管理条例

（2009 年中华人民共和国国务院令第 561 号）

第一章 总 则

第一条 为了防治船舶及其有关作业活动污染海洋环境，根据《中华人民共和国海洋环境保护法》，制定本条例。

第二条 防治船舶及其有关作业活动污染中华人民共和国管辖海域适用本条例。

第三条 防治船舶及其有关作业活动污染海洋环境，实行预防为主、防治结合的原则。

第四条 国务院交通运输主管部门主管所辖港区水域内非军事船舶和港区水域外非渔业、非军事船舶污染海洋环境的防治工作。

海事管理机构依照本条例规定具体负责防治船舶及其有关作业活动污染海洋环境的监督管理。

第五条 国务院交通运输主管部门应当根据防治船舶及其有关作业活动污染海洋环境的需要，组织编制防治船舶及其有关作业活动污染海洋环境应急能力建设规划，报国务院批准后公布实施。

沿海设区的市级以上地方人民政府应当按照国务院批准的防治船舶及其有关作业活动污染海洋环境应急能力建设规划，并根据本地区的实际情况，组织编制相应的防治船舶及其有关作业活动污染海洋环境应急能力建设规划。

第六条 国务院交通运输主管部门、沿海设区的市级以上地方人民政府应当建立健全防治船舶及其有关作业活动污染海洋环境应急反应机制，并制定防治船舶及其有关作业活动污染海洋环境应急预案。

第七条 海事管理机构应当根据防治船舶及其有关作业活动污染海洋环境的需要，会同海洋主管部门建立健全船舶及其有关作业活动污染海洋环境的监测、监视机制，加强对船舶及其有关作业活动污染海洋环境的监测、监视。

第八条 国务院交通运输主管部门、沿海设区的市级以上地方人民政府应当按照防治船舶及其有关作业活动污染海洋环境应急能力建设规划，建立专业应急队伍和应急设备库，配备专用的设施、设备和器材。

第九条 任何单位和个人发现船舶及其有关作业活动造成或者可能造成海洋环境污染的，应当立即就近向海事管理机构报告。

第二章 防治船舶及其有关作业活动污染海洋环境的一般规定

第十条 船舶的结构、设备、器材应当符合国家有关防治船舶污染海洋环境的技术规范以及中华人民共和国缔结或者参加的国际条约的要求。

船舶应当依照法律、行政法规、国务院交通运输主管部门的规定以及中华人民共和国缔结或者参加的国际条约的要求，取得并随船携带相应的防治船舶污染海洋环境的证书、文书。

第十一条 中国籍船舶的所有人、经营人或者管理人应当按照国务院交通运输主管部门的规定，建立健全安全营运和防治船舶污染管理体系。

海事管理机构应当对安全营运和防治船舶污染管理体系进行审核,审核合格的,发给符合证明和相应的船舶安全管理证书。

第十二条 港口、码头、装卸站以及从事船舶修造的单位应当配备与其装卸货物种类和吞吐能力或者修造船舶能力相适应的污染监视设施和污染物接收设施,并使其处于良好状态。

第十三条 港口、码头、装卸站以及从事船舶修造、打捞、拆解等作业活动的单位应当制定有关安全营运和防治污染的管理制度,按照国家有关防治船舶及其有关作业活动污染海洋环境的规范和标准,配备相应的防治污染设备和器材,并通过海事管理机构的专项验收。

港口、码头、装卸站以及从事船舶修造、打捞、拆解等作业活动的单位,应当定期检查、维护配备的防治污染设备和器材,确保防治污染设备和器材符合防治船舶及其有关作业活动污染海洋环境的要求。

第十四条 船舶所有人、经营人或者管理人以及有关作业单位应当制定防治船舶及其有关作业活动污染海洋环境的应急预案,并报海事管理机构批准。

港口、码头、装卸站的经营人应当制定防治船舶及其有关作业活动污染海洋环境的应急预案,并报海事管理机构备案。

船舶、港口、码头、装卸站以及其他有关作业单位应当按照应急预案,定期组织演练,并做好相应记录。

第三章 船舶污染物的排放和接收

第十五条 船舶在中华人民共和国管辖海域向海洋排放的船舶垃圾、生活污水、含油污水、含有毒有害物质污水、废气等污染物以及压载水,应当符合法律、行政法规、中华人民共和国缔结或者参加的国际条约以及相关标准的要求。

船舶应当将不符合前款规定的排放要求的污染物排入港口接

收设施或者由船舶污染物接收单位接收。

船舶不得向依法划定的海洋自然保护区、海滨风景名胜区、重要渔业水域以及其他需要特别保护的海域排放船舶污染物。

第十六条 船舶处置污染物，应当在相应的记录簿内如实记录。

船舶应当将使用完毕的船舶垃圾记录簿在船舶上保留2年；将使用完毕的含油污水、含有毒有害物质污水记录簿在船舶上保留3年。

第十七条 船舶污染物接收单位从事船舶垃圾、残油、含油污水、含有毒有害物质污水接收作业，应当依法经海事管理机构批准。

第十八条 船舶污染物接收单位接收船舶污染物，应当向船舶出具污染物接收单证，并由船长签字确认。

船舶凭污染物接收单证向海事管理机构办理污染物接收证明，并将污染物接收证明保存在相应的记录簿中。

第十九条 船舶污染物接收单位应当按照国家有关污染物处理的规定处理接收的船舶污染物，并每月将船舶污染物的接收和处理情况报海事管理机构备案。

第四章 船舶有关作业活动的污染防治

第二十条 从事船舶清舱、洗舱、油料供受、装卸、过驳、修造、打捞、拆解，污染危害性货物装箱、充罐，污染清除作业以及利用船舶进行水上水下施工等作业活动的，应当遵守相关操作规程，并采取必要的安全和防治污染的措施。

从事前款规定的作业活动的人员，应当具备相关安全和防治污染的专业知识和技能。

第二十一条 船舶不符合污染危害性货物适载要求的，不得载运污染危害性货物，码头、装卸站不得为其进行装载作业。

污染危害性货物的名录由国家海事管理机构公布。

第二十二条 载运污染危害性货物进出港口的船舶，其承运人、货物所有人或者代理人，应当向海事管理机构提出申请，经批准方可进出港口、过境停留或者进行装卸作业。

第二十三条 载运污染危害性货物的船舶，应当在海事管理机构公布的具有相应安全装卸和污染物处理能力的码头、装卸站进行装卸作业。

第二十四条 货物所有人或者代理人交付船舶载运污染危害性货物，应当确保货物的包装与标志等符合有关安全和防治污染的规定，并在运输单证上准确注明货物的技术名称、编号、类别（性质）、数量、注意事项和应急措施等内容。

货物所有人或者代理人交付船舶载运污染危害性不明的货物，应当由国家海事管理机构认定的评估机构进行危害性评估，明确货物的危害性质以及有关安全和防治污染要求，方可交付船舶载运。

第二十五条 海事管理机构认为交付船舶载运的污染危害性货物应当申报而未申报，或者申报的内容不符合实际情况的，可以按照国务院交通运输主管部门的规定采取开箱等方式查验。

海事管理机构查验污染危害性货物，货物所有人或者代理人应当到场，并负责搬移货物，开拆和重封货物的包装。海事管理机构认为必要的，可以径行查验、复验或者提取货样，有关单位和个人应当配合。

第二十六条 进行散装液体污染危害性货物过驳作业的船舶，其承运人、货物所有人或者代理人应当向海事管理机构提出申请，告知作业地点，并附送过驳作业方案、作业程序、防治污染措施等材料。

海事管理机构应当自受理申请之日起 2 个工作日内作出许可或者不予许可的决定。2 个工作日内无法作出决定的，经海事管理机构负责人批准，可以延长5个工作日。

第二十七条 依法获得船舶油料供受作业资质的单位，应当向海事管理机构备案。海事管理机构应当对船舶油料供受作业进行监督检查，发现不符合安全和防治污染要求的，应当予以制止。

第二十八条 船舶燃油供给单位应当如实填写燃油供受单证，并向船舶提供船舶燃油供受单证和燃油样品。

船舶和船舶燃油供给单位应当将燃油供受单证保存3年，并将燃油样品妥善保存1年。

第二十九条 船舶修造、水上拆解的地点应当符合环境功能区划和海洋功能区划，并由海事管理机构征求当地环境保护主管部门和海洋主管部门意见后确定并公布。

第三十条 从事船舶拆解的单位在船舶拆解作业前，应当对船舶上的残余物和废弃物进行处置，将油舱（柜）中的存油驳出，进行船舶清舱、洗舱、测爆等工作，并经海事管理机构检查合格，方可进行船舶拆解作业。

从事船舶拆解的单位应当及时清理船舶拆解现场，并按照国家有关规定处理船舶拆解产生的污染物。

禁止采取冲滩方式进行船舶拆解作业。

第三十一条 禁止船舶经过中华人民共和国内水、领海转移危险废物。

经过中华人民共和国管辖的其他海域转移危险废物的，应当事先取得国务院环境保护主管部门的书面同意，并按照海事管理机构指定的航线航行，定时报告船舶所处的位置。

第三十二条 使用船舶向海洋倾倒废弃物的，应当向驶出港所在地的海事管理机构提交海洋主管部门的批准文件，经核实方可办理船舶出港签证。

船舶向海洋倾倒废弃物，应当如实记录倾倒情况。返港后，应当向驶出港所在地的海事管理机构提交书面报告。

第三十三条 载运散装液体污染危害性货物的船舶和1万总吨以上的其他船舶,其经营人应当在作业前或者进出港口前与取得污染清除作业资质的单位签订污染清除作业协议,明确双方在发生船舶污染事故后污染清除的权利和义务。

与船舶经营人签订污染清除作业协议的污染清除作业单位应当在发生船舶污染事故后,按照污染清除作业协议及时进行污染清除作业。

第三十四条 申请取得污染清除作业资质的单位应当向海事管理机构提出书面申请,并提交其符合下列条件的材料:

(一)配备的污染清除设施、设备、器材和作业人员符合国务院交通运输主管部门的规定;

(二)制定的污染清除作业方案符合防治船舶及其有关作业活动污染海洋环境的要求;

(三)污染物处理方案符合国家有关防治污染的规定。

海事管理机构应当自受理申请之日起30个工作日内完成审查,并对符合条件的单位颁发资质证书;对不符合条件的,书面通知申请单位并说明理由。

第五章 船舶污染事故应急处置

第三十五条 本条例所称船舶污染事故,是指船舶及其有关作业活动发生油类、油性混合物和其他有毒有害物质泄漏造成的海洋环境污染事故。

第三十六条 船舶污染事故分为以下等级:

(一)特别重大船舶污染事故,是指船舶溢油1000吨以上,或者造成直接经济损失2亿元以上的船舶污染事故;

(二)重大船舶污染事故,是指船舶溢油500吨以上不足1000吨,或者造成直接经济损失1亿元以上不足2亿元的船舶污染事故;

（三）较大船舶污染事故，是指船舶溢油100吨以上不足500吨，或者造成直接经济损失5000万元以上不足1亿元的船舶污染事故；

（四）一般船舶污染事故，是指船舶溢油不足100吨，或者造成直接经济损失不足5000万元的船舶污染事故。

第三十七条 船舶在中华人民共和国管辖海域发生污染事故，或者在中华人民共和国管辖海域外发生污染事故造成或者可能造成中华人民共和国管辖海域污染的，应当立即启动相应的应急预案，采取措施控制和消除污染，并就近向有关海事管理机构报告。

发现船舶及其有关作业活动可能对海洋环境造成污染的，船舶、码头、装卸站应当立即采取相应的应急处置措施，并就近向有关海事管理机构报告。

接到报告的海事管理机构应当立即核实有关情况，并向上级海事管理机构或者国务院交通运输主管部门报告，同时报告有关沿海设区的市级以上地方人民政府。

第三十八条 船舶污染事故报告应当包括下列内容：

（一）船舶的名称、国籍、呼号或者编号；

（二）船舶所有人、经营人或者管理人的名称、地址；

（三）发生事故的时间、地点以及相关气象和水文情况；

（四）事故原因或者事故原因的初步判断；

（五）船舶上污染物的种类、数量、装载位置等概况；

（六）污染程度；

（七）已经采取或者准备采取的污染控制、清除措施和污染控制情况以及救助要求；

（八）国务院交通运输主管部门规定应当报告的其他事项。

作出船舶污染事故报告后出现新情况的，船舶、有关单位应当及时补报。

第三十九条 发生特别重大船舶污染事故，国务院或者国务院授权国务院交通运输主管部门成立事故应急指挥机构。

发生重大船舶污染事故，有关省、自治区、直辖市人民政府应当会同海事管理机构成立事故应急指挥机构。

发生较大船舶污染事故和一般船舶污染事故，有关设区的市级人民政府应当会同海事管理机构成立事故应急指挥机构。

有关部门、单位应当在事故应急指挥机构统一组织和指挥下，按照应急预案的分工，开展相应的应急处置工作。

第四十条 船舶发生事故有沉没危险，船员离船前，应当尽可能关闭所有货舱（柜）、油舱（柜）管系的阀门，堵塞货舱（柜）、油舱（柜）通气孔。

船舶沉没的，船舶所有人、经营人或者管理人应当及时向海事管理机构报告船舶燃油、污染危害性货物以及其他污染物的性质、数量、种类、装载位置等情况，并及时采取措施予以清除。

第四十一条 发生船舶污染事故或者船舶沉没，可能造成中华人民共和国管辖海域污染的，有关沿海设区的市级以上地方人民政府、海事管理机构根据应急处置的需要，可以征用有关单位或者个人的船舶和防治污染设施、设备、器材以及其他物资，有关单位和个人应当予以配合。

被征用的船舶和防治污染设施、设备、器材以及其他物资使用完毕或者应急处置工作结束，应当及时返还。船舶和防治污染设施、设备、器材以及其他物资被征用或者征用后毁损、灭失的，应当给予补偿。

第四十二条 发生船舶污染事故，海事管理机构可以采取清除、打捞、拖航、引航、过驳等必要措施，减轻污染损害。相关费用由造成海洋环境污染的船舶、有关作业单位承担。

需要承担前款规定费用的船舶，应当在开航前缴清相关费用或者提供相应的财务担保。

第四十三条 处置船舶污染事故使用的消油剂,应当符合国家有关标准。

海事管理机构应当及时将符合国家有关标准的消油剂名录向社会公布。

船舶、有关单位使用消油剂处置船舶污染事故的,应当依照《中华人民共和国海洋环境保护法》有关规定执行。

第六章 船舶污染事故调查处理

第四十四条 船舶污染事故的调查处理依照下列规定进行:

(一)特别重大船舶污染事故由国务院或者国务院授权国务院交通运输主管部门等部门组织事故调查处理;

(二)重大船舶污染事故由国家海事管理机构组织事故调查处理;

(三)较大船舶污染事故和一般船舶污染事故由事故发生地的海事管理机构组织事故调查处理。

船舶污染事故给渔业造成损害的,应当吸收渔业主管部门参与调查处理;给军事港口水域造成损害的,应当吸收军队有关主管部门参与调查处理。

第四十五条 发生船舶污染事故,组织事故调查处理的机关或者海事管理机构应当及时、客观、公正地开展事故调查,勘验事故现场,检查相关船舶,询问相关人员,收集证据,查明事故原因。

第四十六条 组织事故调查处理的机关或者海事管理机构根据事故调查处理的需要,可以暂扣相应的证书、文书、资料;必要时,可以禁止船舶驶离港口或者责令停航、改航、停止作业直至暂扣船舶。

第四十七条 事故调查处理需要委托有关机构进行技术鉴定或者检验、检测的,应当委托国务院交通运输主管部门认定的机构进行。

第四十八条 组织事故调查处理的机关或者海事管理机构开展事故调查时,船舶污染事故的当事人和其他有关人员应当如实反映情况和提供资料,不得伪造、隐匿、毁灭证据或者以其他方式妨碍调查取证。

第四十九条 组织事故调查处理的机关或者海事管理机构应当自事故调查结束之日起 20 个工作日内制作事故认定书,并送达当事人。

事故认定书应当载明事故基本情况、事故原因和事故责任。

第七章 船舶污染事故损害赔偿

第五十条 造成海洋环境污染损害的责任者,应当排除危害,并赔偿损失;完全由于第三者的故意或者过失,造成海洋环境污染损害的,由第三者排除危害,并承担赔偿责任。

第五十一条 完全属于下列情形之一,经过及时采取合理措施,仍然不能避免对海洋环境造成污染损害的,免予承担责任:

(一)战争;

(二)不可抗拒的自然灾害;

(三)负责灯塔或者其他助航设备的主管部门,在执行职责时的疏忽,或者其他过失行为。

第五十二条 船舶污染事故的赔偿限额依照《中华人民共和国海商法》关于海事赔偿责任限制的规定执行。但是,船舶载运的散装持久性油类物质造成中华人民共和国管辖海域污染的,赔偿限额依照中华人民共和国缔结或者参加的有关国际条约的规定执行。

前款所称持久性油类物质,是指任何持久性烃类矿物油。

第五十三条 在中华人民共和国管辖海域内航行的船舶,其所有人应当按照国务院交通运输主管部门的规定,投保船舶油污损害民事责任保险或者取得相应的财务担保。但是,1000 总吨以下载运非油类物质的船舶除外。

船舶所有人投保船舶油污损害民事责任保险或者取得的财务担保的额度应当不低于《中华人民共和国海商法》、中华人民共和国缔结或者参加的有关国际条约规定的油污赔偿限额。

承担船舶油污损害民事责任保险的商业性保险机构和互助性保险机构,由国家海事管理机构征求国务院保险监督管理机构意见后确定并公布。

第五十四条 已依照本条例第五十三条的规定投保船舶油污损害民事责任保险或者取得财务担保的中国籍船舶,其所有人应当持船舶国籍证书、船舶油污损害民事责任保险合同或者财务担保证明,向船籍港的海事管理机构申请办理船舶油污损害民事责任保险证书或者财务保证证书。

第五十五条 发生船舶油污事故,国家组织有关单位进行应急处置、清除污染所发生的必要费用,应当在船舶油污损害赔偿中优先受偿。

第五十六条 在中华人民共和国管辖水域接收海上运输的持久性油类物质货物的货物所有人或者代理人应当缴纳船舶油污损害赔偿基金。

船舶油污损害赔偿基金征收、使用和管理的具体办法由国务院财政部门会同国务院交通运输主管部门制定。

国家设立船舶油污损害赔偿基金管理委员会,负责处理船舶油污损害赔偿基金的赔偿等事务。船舶油污损害赔偿基金管理委员会由有关行政机关和缴纳船舶油污损害赔偿基金的主要货主组成。

第五十七条 对船舶污染事故损害赔偿的争议,当事人可以请求海事管理机构调解,也可以向仲裁机构申请仲裁或者向人民法院提起民事诉讼。

第八章 法律责任

第五十八条 船舶、有关作业单位违反本条例规定的，海事管理机构应当责令改正；拒不改正的，海事管理机构可以责令停止作业、强制卸载，禁止船舶进出港口、靠泊、过境停留，或者责令停航、改航、离境、驶向指定地点。

第五十九条 违反本条例的规定，船舶的结构不符合国家有关防治船舶污染海洋环境的技术规范或者有关国际条约要求的，由海事管理机构处10万元以上30万元以下的罚款。

第六十条 违反本条例的规定，有下列情形之一的，由海事管理机构依照《中华人民共和国海洋环境保护法》有关规定予以处罚：

（一）船舶未取得并随船携带防治船舶污染海洋环境的证书、文书的；

（二）船舶、港口、码头、装卸站未配备防治污染设备、器材的；

（三）船舶向海域排放本条例禁止排放的污染物的；

（四）船舶未如实记录污染物处置情况的；

（五）船舶超过标准向海域排放污染物的；

（六）从事船舶水上拆解作业，造成海洋环境污染损害的。

第六十一条 违反本条例的规定，船舶未按照规定在船舶上留存船舶污染物处置记录，或者船舶污染物处置记录与船舶运行过程中产生的污染物数量不符合的，由海事管理机构处2万元以上10万元以下的罚款。

第六十二条 违反本条例的规定，船舶污染物接收单位未经海事管理机构批准，擅自从事船舶垃圾、残油、含油污水、含有毒有害物质污水接收作业的，由海事管理机构处1万元以上5万元以下的罚款；造成海洋环境污染的，处5万元以上25万元以下的罚款。

第六十三条 违反本条例的规定，船舶未按照规定办理污染物接收证明，或者船舶污染物接收单位未按照规定将船舶污染物的接收和处理情况报海事管理机构备案的，由海事管理机构处2万元以下的罚款。

第六十四条 违反本条例的规定，有下列情形之一的，由海事管理机构处2000元以上1万元以下的罚款：

（一）船舶未按照规定保存污染物接收证明的；

（二）船舶燃油供给单位未如实填写燃油供受单证的；

（三）船舶燃油供给单位未按照规定向船舶提供燃油供受单证和燃油样品的；

（四）船舶和船舶燃油供给单位未按照规定保存燃油供受单证和燃油样品的。

第六十五条 违反本条例的规定，有下列情形之一的，由海事管理机构处2万元以上10万元以下的罚款：

（一）载运污染危害性货物的船舶不符合污染危害性货物适载要求的；

（二）载运污染危害性货物的船舶未在具有相应安全装卸和污染物处理能力的码头、装卸站进行装卸作业的；

（三）货物所有人或者代理人未按照规定对污染危害性不明的货物进行危害性评估的。

第六十六条 违反本条例的规定，未经海事管理机构批准，船舶载运污染危害性货物进出港口、过境停留、进行装卸或者过驳作业的，由海事管理机构处1万元以上5万元以下的罚款。

第六十七条 违反本条例的规定，有下列情形之一的，由海事管理机构处2万元以上10万元以下的罚款：

（一）船舶发生事故沉没，船舶所有人或者经营人未及时向海事管理机构报告船舶燃油、污染危害性货物以及其他污染物的性质、数量、种类、装载位置等情况的；

（二）船舶发生事故沉没，船舶所有人或者经营人未及时采取措施清除船舶燃油、污染危害性货物以及其他污染物的。

第六十八条 违反本条例的规定，有下列情形之一的，由海事管理机构处1万元以上5万元以下的罚款：

（一）载运散装液体污染危害性货物的船舶和1万总吨以上的其他船舶，其经营人未按照规定签订污染清除作业协议的；

（二）未取得污染清除作业资质的单位擅自签订污染清除作业协议并从事污染清除作业的。

第六十九条 违反本条例的规定，发生船舶污染事故，船舶、有关作业单位未立即启动应急预案的，对船舶、有关作业单位，由海事管理机构处2万元以上10万元以下的罚款；对直接负责的主管人员和其他直接责任人员，由海事管理机构处1万元以上2万元以下的罚款。直接负责的主管人员和其他直接责任人员属于船员的，并处给予暂扣适任证书或者其他有关证件1个月至3个月的处罚。

第七十条 违反本条例的规定，发生船舶污染事故，船舶、有关作业单位迟报、漏报事故的，对船舶、有关作业单位，由海事管理机构处5万元以上25万元以下的罚款；对直接负责的主管人员和其他直接责任人员，由海事管理机构处1万元以上5万元以下的罚款。直接负责的主管人员和其他直接责任人员属于船员的，并处给予暂扣适任证书或者其他有关证件3个月至6个月的处罚。瞒报、谎报事故的，对船舶、有关作业单位，由海事管理机构处25万元以上50万元以下的罚款；对直接负责的主管人员和其他直接责任人员，由海事管理机构处5万元以上10万元以下的罚款。直接负责的主管人员和其他直接责任人员属于船员的，并处给予吊销适任证书或者其他有关证件的处罚。

第七十一条 违反本条例的规定，未经海事管理机构批准使用消油剂的，由海事管理机构对船舶或者使用单位处1万元以上

5 万元以下的罚款。

第七十二条 违反本条例的规定,船舶污染事故的当事人和其他有关人员,未如实向组织事故调查处理的机关或者海事管理机构反映情况和提供资料,伪造、隐匿、毁灭证据或者以其他方式妨碍调查取证的,由海事管理机构处 1 万元以上 5 万元以下的罚款。

第七十三条 违反本条例的规定,船舶所有人有下列情形之一的,由海事管理机构责令改正,可以处 5 万元以下的罚款;拒不改正的,处 5 万元以上 25 万元以下的罚款:

(一)在中华人民共和国管辖海域内航行的船舶,其所有人未按照规定投保船舶油污损害民事责任保险或者取得相应的财务担保的;

(二)船舶所有人投保船舶油污损害民事责任保险或者取得的财务担保的额度低于《中华人民共和国海商法》、中华人民共和国缔结或者参加的有关国际条约规定的油污赔偿限额的。

第七十四条 违反本条例的规定,在中华人民共和国管辖水域接收海上运输的持久性油类物质货物的货物所有人或者代理人,未按照规定缴纳船舶油污损害赔偿基金的,由海事管理机构责令改正;拒不改正的,可以停止其接收的持久性油类物质货物在中华人民共和国管辖水域进行装卸、过驳作业。

货物所有人或者代理人逾期未缴纳船舶油污损害赔偿基金的,应当自应缴之日起按日加缴未缴额的万分之五的滞纳金。

第九章 附 则

第七十五条 中华人民共和国缔结或者参加的国际条约对防治船舶及其有关作业活动污染海洋环境有规定的,适用国际条约的规定。但是,中华人民共和国声明保留的条款除外。

第七十六条 县级以上人民政府渔业主管部门负责渔港水域

内非军事船舶和渔港水域外渔业船舶污染海洋环境的监督管理，负责保护渔业水域生态环境工作，负责调查处理《中华人民共和国海洋环境保护法》第五条第四款规定的渔业污染事故。

第七十七条 军队环境保护部门负责军事船舶污染海洋环境的监督管理及污染事故的调查处理。

第七十八条 本条例自2010年3月1日起施行。1983年12月29日国务院发布的《中华人民共和国防止船舶污染海域管理条例》同时废止。

中华人民共和国海洋环境保护法

（1999年中华人民共和国主席令第26号）

第一章 总 则

第一条 为了保护和改善海洋环境，保护海洋资源，防治污染损害，维护生态平衡，保障人体健康，促进经济和社会的可持续发展，制定本法。

第二条 本法适用于中华人民共和国内水、领海、毗连区、专属经济区、大陆架以及中华人民共和国管辖的其他海域。

在中华人民共和国管辖海域内从事航行、勘探、开发、生产、旅游、科学研究及其他活动，或者在沿海陆域内从事影响海洋环境活动的任何单位和个人，都必须遵守本法。

在中华人民共和国管辖海域以外，造成中华人民共和国管辖海域污染的，也适用本法。

第三条 国家建立并实施重点海域排污总量控制制度，确定主要污染物排海总量控制指标，并对主要污染源分配排放控制数量。具体办法由国务院制定。

第四条 一切单位和个人都有保护海洋环境的义务，并有权对污染损害海洋环境的单位和个人，以及海洋环境监督管理人员的违法失职行为进行监督和检举。

第五条 国务院环境保护行政主管部门作为对全国环境保护工作统一监督管理的部门，对全国海洋环境保护工作实施指导、协调和监督，并负责全国防治陆源污染物和海岸工程建设项目对海洋污染损害的环境保护工作。国家海洋行政主管部门负责海洋环境的监督管理,组织海洋环境的调查、监测、监视、评价和科学研究,负责全国防治海洋工程建设项目和海洋倾倒废弃物对海洋污染损害的环境保护工作。

国家海事行政主管部门负责所辖港区水域内非军事船舶和港区水域外非渔业、非军事船舶污染海洋环境的监督管理,并负责污染事故的调查处理;对在中华人民共和国管辖海域航行、停泊和作业的外国籍船舶造成的污染事故登轮检查处理。船舶污染事故给渔业造成损害的,应当吸收渔业行政主管部门参与调查处理。

国家渔业行政主管部门负责渔港水域内非军事船舶和渔港水域外渔业船舶污染海洋环境的监督管理,负责保护渔业水域生态环境工作,并调查处理前款规定的污染事故以外的渔业污染事故。

军队环境保护部门负责军事船舶污染海洋环境的监督管理及污染事故的调查处理。

沿海县级以上地方人民政府行使海洋环境监督管理权的部门的职责,由省、自治区、直辖市人民政府根据本法及国务院有关规定确定。

第二章 海洋环境监督管理

第六条 国家海洋行政主管部门会同国务院有关部门和沿海省、自治区、直辖市人民政府拟定全国海洋功能区划,报国务院批准。

沿海地方各级人民政府应当根据全国和地方海洋功能区划,科学合理地使用海域。

第七条 国家根据海洋功能区划制定全国海洋环境保护规划和重点海域区域性海洋环境保护规划。

毗邻重点海域的有关沿海省、自治区、直辖市人民政府及行使海洋环境监督管理权的部门,可以建立海洋环境保护区域合作组织，负责实施重点海域区域性海洋环境保护规划、海洋环境污染的防治和海洋生态保护工作。

第八条 跨区域的海洋环境保护工作，由有关沿海地方人民政府协商解决，或者由上级人民政府协调解决。

跨部门的重大海洋环境保护工作，由国务院环境保护行政主管部门协调；协调未能解决的，由国务院作出决定。

第九条 国家根据海洋环境质量状况和国家经济、技术条件，制定国家海洋环境质量标准。沿海省、自治区、直辖市人民政府对国家海洋环境质量标准中未作规定的项目，可以制定地方海洋环境质量标准。

沿海地方各级人民政府根据国家和地方海洋环境质量标准的规定和本行政区近岸海域环境质量状况，确定海洋环境保护的目标和任务，并纳入人民政府工作计划，按相应的海洋环境质量标准实施管理。

第十条 国家和地方水污染物排放标准的制定，应当将国家和地方海洋环境质量标准作为重要依据之一。在国家建立并实施排污总量控制制度的重点海域，水污染物排放标准的制定，还应当将主要污染物排海总量控制指标作为重要依据。

第十一条 直接向海洋排放污染物的单位和个人，必须按照国家规定缴纳排污费。

向海洋倾倒废弃物，必须按照国家规定缴纳倾倒费。

根据本法规定征收的排污费、倾倒费，必须用于海洋环境污染的整治，不得挪作他用。

具体办法由国务院规定。

第十二条 对超过污染物排放标准的，或者在规定的期限内未完成污染物排放削减任务的，或者造成海洋环境严重污染损害的，应当限期治理。

限期治理按照国务院规定的权限决定。

第十三条 国家加强防治海洋环境污染损害的科学技术的研究和开发,对严重污染海洋环境的落后生产工艺和落后设备,实行淘汰制度。

企业应当优先使用清洁能源,采用资源利用率高、污染物排放量少的清洁生产工艺,防止对海洋环境的污染。

第十四条 国家海洋行政主管部门按照国家环境监测、监视规范和标准,管理全国海洋环境的调查、监测、监视,制定具体的实施办法,会同有关部门组织全国海洋环境监测、监视网络,定期评价海洋环境质量,发布海洋巡航监视通报。

依照本法规定行使海洋环境监督管理权的部门分别负责各自所辖水域的监测、监视。

其他有关部门根据全国海洋环境监测网的分工,分别负责对入海河口、主要排污口的监测。

第十五条 国务院有关部门应当向国务院环境保护行政主管部门提供编制全国环境质量公报所必需的海洋环境监测资料。

环境保护行政主管部门应当向有关部门提供与海洋环境监督管理有关的资料。

第十六条 国家海洋行政主管部门按照国家制定的环境监测、监视信息管理制度,负责管理海洋综合信息系统,为海洋环境保护监督管理提供服务。

第十七条 因发生事故或者其他突发性事件,造成或者可能造成海洋环境污染事故的单位和个人,必须立即采取有效措施,及时向可能受到危害者通报,并向依照本法规定行使海洋环境监督管理权的部门报告,接受调查处理。

沿海县级以上地方人民政府在本行政区域近岸海域的环境受到严重污染时,必须采取有效措施,解除或者减轻危害。

第十八条 国家根据防止海洋环境污染的需要,制定国家重大海上污染事故应急计划。

国家海洋行政主管部门负责制定全国海洋石油勘探开发重大海上溢油应急计划，报国务院环境保护行政主管部门备案。

国家海事行政主管部门负责制定全国船舶重大海上溢油污染事故应急计划，报国务院环境保护行政主管部门备案。

沿海可能发生重大海洋环境污染事故的单位，应当依照国家的规定，制定污染事故应急计划，并向当地环境保护行政主管部门、海洋行政主管部门备案。

沿海县级以上地方人民政府及其有关部门在发生重大海上污染事故时，必须按照应急计划解除或者减轻危害。

第十九条 依照本法规定行使海洋环境监督管理权的部门可以在海上实行联合执法，在巡航监视中发现海上污染事故或者违反本法规定的行为时，应当予以制止并调查取证，必要时有权采取有效措施，防止污染事态的扩大，并报告有关主管部门处理。

依照本法规定行使海洋环境监督管理权的部门，有权对管辖范围内排放污染物的单位和个人进行现场检查。被检查者应当如实反映情况，提供必要的资料。

检查机关应当为被检查者保守技术秘密和业务秘密。

第三章 海洋生态保护

第二十条 国务院和沿海地方各级人民政府应当采取有效措施，保护红树林、珊瑚礁、滨海湿地、海岛、海湾、入海河口、重要渔业水域等具有典型性、代表性的海洋生态系统，珍稀、濒危海洋生物的天然集中分布区，具有重要经济价值的海洋生物生存区域及有重大科学文化价值的海洋自然历史遗迹和自然景观。

对具有重要经济、社会价值的已遭到破坏的海洋生态，应当进行整治和恢复。

第二十一条 国务院有关部门和沿海省级人民政府应当根据保护海洋生态的需要，选划、建立海洋自然保护区。 国家级海洋自然保护区的建立,须经国务院批准。

第二十二条 凡具有下列条件之一的,应当建立海洋自然保护区:

(一)典型的海洋自然地理区域、有代表性的自然生态区域,以及遭受破坏但经保护能恢复的海洋自然生态区域;

(二)海洋生物物种高度丰富的区域,或者珍稀、濒危海洋生物物种的天然集中分布区域;

(三)具有特殊保护价值的海域、海岸、岛屿、滨海湿地、入海河口和海湾等;

(四)具有重大科学文化价值的海洋自然遗迹所在区域;

(五)其他需要予以特殊保护的区域。

第二十三条 凡具有特殊地理条件、生态系统、生物与非生物资源及海洋开发利用特殊需要的区域,可以建立海洋特别保护区,采取有效的保护措施和科学的开发方式进行特殊管理。

第二十四条 开发利用海洋资源,应当根据海洋功能区划合理布局,不得造成海洋生态环境破坏。

第二十五条 引进海洋动植物物种,应当进行科学论证,避免对海洋生态系统造成危害。

第二十六条 开发海岛及周围海域的资源,应当采取严格的生态保护措施,不得造成海岛地形、岸滩、植被以及海岛周围海域生态环境的破坏。

第二十七条 沿海地方各级人民政府应当结合当地自然环境的特点,建设海岸防护设施、沿海防护林、沿海城镇园林和绿地,对海岸侵蚀和海水入侵地区进行综合治理。

禁止毁坏海岸防护设施、沿海防护林、沿海城镇园林和绿地。

第二十八条 国家鼓励发展生态渔业建设,推广多种生态渔业生产方式,改善海洋生态状况。新建、改建、扩建海水养殖场,应当进行环境影响评价。

海水养殖应当科学确定养殖密度，并应当合理投饵、施肥，正确使用药物，防止造成海洋环境的污染。

第四章　防治陆源污染物对海洋环境的污染损害

第二十九条　向海域排放陆源污染物，必须严格执行国家或者地方规定的标准和有关规定。

第三十条　入海排污口位置的选择，应当根据海洋功能区划、海水动力条件和有关规定，经科学论证后，报设区的市级以上人民政府环境保护行政主管部门审查批准。

环境保护行政主管部门在批准设置入海排污口之前，必须征求海洋、海事、渔业行政主管部门和军队环境保护部门的意见。

在海洋自然保护区、重要渔业水域、海滨风景名胜区和其他需要特别保护的区域，不得新建排污口。

在有条件的地区，应当将排污口深海设置，实行离岸排放。设置陆源污染物深海离岸排放排污口，应当根据海洋功能区划、海水动力条件和海底工程设施的有关情况确定，具体办法由国务院规定。

第三十一条　省、自治区、直辖市人民政府环境保护行政主管部门和水行政主管部门应当按照水污染防治有关法律的规定，加强入海河流管理，防治污染，使入海河口的水质处于良好状态。

第三十二条　排放陆源污染物的单位，必须向环境保护行政主管部门申报拥有的陆源污染物排放设施、处理设施和在正常作业条件下排放陆源污染物的种类、数量和浓度，并提供防治海洋环境污染方面的有关技术和资料。

排放陆源污染物的种类、数量和浓度有重大改变的，必须及时申报。

拆除或者闲置陆源污染物处理设施的，必须事先征得环境保护行政主管部门的同意。

第三十三条　禁止向海域排放油类、酸液、碱液、剧毒废液和高、中水平放射性废水。

严格限制向海域排放低水平放射性废水；确需排放的，必须严格执行国家辐射防护规定。

严格控制向海域排放含有不易降解的有机物和重金属的废水。

第三十四条　含病原体的医疗污水、生活污水和工业废水必须经过处理，符合国家有关排放标准后，方能排入海域。

第三十五条　含有机物和营养物质的工业废水、生活污水，应当严格控制向海湾、半封闭海及其他自净能力较差的海域排放。

第三十六条　向海域排放含热废水，必须采取有效措施，保证邻近渔业水域的水温符合国家海洋环境质量标准，避免热污染对水产资源的危害。

第三十七条　沿海农田、林场施用化学农药，必须执行国家农药安全使用的规定和标准。

沿海农田、林场应当合理使用化肥和植物生长调节剂。

第三十八条　在岸滩弃置、堆放和处理尾矿、矿渣、煤灰渣、垃圾和其他固体废物的，依照《中华人民共和国固体废物污染环境防治法》的有关规定执行。

第三十九条　禁止经中华人民共和国内水、领海转移危险废物。

经中华人民共和国管辖的其他海域转移危险废物的，必须事先取得国务院环境保护行政主管部门的书面同意。

第四十条　沿海城市人民政府应当建设和完善城市排水管网，有计划地建设城市污水处理厂或者其他污水集中处理设施，加强城市污水的综合整治。

建设污水海洋处置工程，必须符合国家有关规定。

第四十一条　国家采取必要措施，防止、减少和控制来自大气层或者通过大气层造成的海洋环境污染损害。

第五章　防治海岸工程建设项目对海洋环境的污染损害

第四十二条　新建、改建、扩建海岸工程建设项目，必须遵守国家有关建设项目环境保护管理的规定，并把防治污染所需资金纳入建设项目投资计划。

在依法划定的海洋自然保护区、海滨风景名胜区、重要渔业水域及其他需要特别保护的区域，不得从事污染环境、破坏景观的海岸工程项目建设或者其他活动。

第四十三条　海岸工程建设项目的单位，必须在建设项目可行性研究阶段，对海洋环境进行科学调查，根据自然条件和社会条件，合理选址，编报环境影响报告书。环境影响报告书经海洋行政主管部门提出审核意见后，报环境保护行政主管部门审查批准。

环境保护行政主管部门在批准环境影响报告书之前，必须征求海事、渔业行政主管部门和军队环境保护部门的意见。

第四十四条　海岸工程建设项目的环境保护设施，必须与主体工程同时设计、同时施工、同时投产使用。环境保护设施未经环境保护行政主管部门检查批准，建设项目不得试运行；环境保护设施未经环境保护行政主管部门验收，或者经验收不合格的，建设项目不得投入生产或者使用。

第四十五条　禁止在沿海陆域内新建不具备有效治理措施的化学制浆造纸、化工、印染、制革、电镀、酿造、炼油、岸边冲滩拆船以及其他严重污染海洋环境的工业生产项目。

第四十六条　兴建海岸工程建设项目，必须采取有效措施，保护国家和地方重点保护的野生动植物及其生存环境和海洋水产资源。

严格限制在海岸采挖砂石。露天开采海滨砂矿和从岸上打井开采海底矿产资源，必须采取有效措施，防止污染海洋环境。

第六章 防治海洋工程建设项目对海洋环境的污染损害

第四十七条 海洋工程建设项目必须符合海洋功能区划、海洋环境保护规划和国家有关环境保护标准，在可行性研究阶段，编报海洋环境影响报告书，由海洋行政主管部门核准，并报环境保护行政主管部门备案，接受环境保护行政主管部门监督。

海洋行政主管部门在核准海洋环境影响报告书之前，必须征求海事、渔业行政主管部门和军队环境保护部门的意见。

第四十八条 海洋工程建设项目的环境保护设施，必须与主体工程同时设计、同时施工、同时投产使用。环境保护设施未经海洋行政主管部门检查批准，建设项目不得试运行；环境保护设施未经海洋行政主管部门验收，或者经验收不合格的，建设项目不得投入生产或者使用。拆除或者闲置环境保护设施，必须事先征得海洋行政主管部门的同意。

第四十九条 海洋工程建设项目，不得使用含超标准放射性物质或者易溶出有毒有害物质的材料。

第五十条 海洋工程建设项目需要爆破作业时，必须采取有效措施，保护海洋资源。

海洋石油勘探开发及输油过程中，必须采取有效措施，避免溢油事故的发生。

第五十一条 海洋石油钻井船、钻井平台和采油平台的含油污水和油性混合物，必须经过处理达标后排放；残油、废油必须予以回收，不得排放入海。经回收处理后排放的，其含油量不得超过国家规定的标准。

钻井所使用的油基泥浆和其他有毒复合泥浆不得排放入海。水基泥浆和无毒复合泥浆及钻屑的排放，必须符合国家有关规定。

第五十二条 海洋石油钻井船、钻井平台和采油平台及其有关海上设施，不得向海域处置含油的工业垃圾。处置其他工业垃圾,不得造成海洋环境污染。

第五十三条 海上试油时,应当确保油气充分燃烧,油和油性混合物不得排放入海。

第五十四条 勘探开发海洋石油,必须按有关规定编制溢油应急计划,报国家海洋行政主管部门审查批准。

第七章 防治倾倒废弃物对海洋环境的污染损害

第五十五条 任何单位未经国家海洋行政主管部门批准,不得向中华人民共和国管辖海域倾倒任何废弃物。

需要倾倒废弃物的单位,必须向国家海洋行政主管部门提出书面申请,经国家海洋行政主管部门审查批准,发给许可证后,方可倾倒。

禁止中华人民共和国境外的废弃物在中华人民共和国管辖海域倾倒。

第五十六条 国家海洋行政主管部门根据废弃物的毒性、有毒物质含量和对海洋环境影响程度,制定海洋倾倒废弃物评价程序和标准。

向海洋倾倒废弃物,应当按照废弃物的类别和数量实行分级管理。

可以向海洋倾倒的废弃物名录,由国家海洋行政主管部门拟定,经国务院环境保护行政主管部门提出审核意见后,报国务院批准。

第五十七条 国家海洋行政主管部门按照科学、合理、经济、安全的原则选划海洋倾倒区,经国务院环境保护行政主管部门提出审核意见后,报国务院批准。

临时性海洋倾倒区由国家海洋行政主管部门批准,并报国务院环境保护行政主管部门备案。国家海洋行政主管部门在选划海洋倾倒区和批准临时性海洋倾倒区之前,必须征求国家海事、渔业行政主管部门的意见。

第五十八条 国家海洋行政主管部门监督管理倾倒区的使用,组织倾倒区的环境监测。

对经确认不宜继续使用的倾倒区,国家海洋行政主管部门应当予以封闭,终止在该倾倒区的一切倾倒活动,并报国务院备案。

第五十九条 获准倾倒废弃物的单位,必须按照许可证注明的期限及条件,到指定的区域进行倾倒。废弃物装载之后,批准部门应当予以核实。

第六十条 获准倾倒废弃物的单位,应当详细记录倾倒的情况,并在倾倒后向批准部门作出书面报告。倾倒废弃物的船舶必须向驶出港的海事行政主管部门作出书面报告。

第六十一条 禁止在海上焚烧废弃物。

禁止在海上处置放射性废弃物或者其他放射性物质。废弃物中的放射性物质的豁免浓度由国务院制定。

第八章 防治船舶及有关作业活动对海洋环境的污染损害

第六十二条 在中华人民共和国管辖海域,任何船舶及相关作业不得违反本法规定向海洋排放污染物、废弃物和压载水、船舶垃圾及其他有害物质。

从事船舶污染物、废弃物、船舶垃圾接收、船舶清舱、洗舱作业活动的,必须具备相应的接收处理能力。

第六十三条 船舶必须按照有关规定持有防止海洋环境污染的证书与文书,在进行涉及污染物排放及操作时,应当如实记录。

第六十四条 船舶必须配置相应的防污设备和器材。

载运具有污染危害性货物的船舶,其结构与设备应当能够防止或者减轻所载货物对海洋环境的污染。

第六十五条 船舶应当遵守海上交通安全法律、法规的规定,防止因碰撞、触礁、搁浅、火灾或者爆炸等引起的海难事故,造成海洋环境的污染。

第六十六条 国家完善并实施船舶油污损害民事赔偿责任制度；按照船舶油污损害赔偿责任由船东和货主共同承担风险的原则，建立船舶油污保险、油污损害赔偿基金制度。

实施船舶油污保险、油污损害赔偿基金制度的具体办法由国务院规定。

第六十七条 载运具有污染危害性货物进出港口的船舶，其承运人、货物所有人或者代理人，必须事先向海事行政主管部门申报。经批准后，方可进出港口、过境停留或者装卸作业。

第六十八条 交付船舶装运污染危害性货物的单证、包装、标志、数量限制等，必须符合对所装货物的有关规定。

需要船舶装运污染危害性不明的货物，应当按照有关规定事先进行评估。

装卸油类及有毒有害货物的作业，船岸双方必须遵守安全防污操作规程。

第六十九条 港口、码头、装卸站和船舶修造厂必须按照有关规定备有足够的用于处理船舶污染物、废弃物的接收设施，并使该设施处于良好状态。

装卸油类的港口、码头、装卸站和船舶必须编制溢油污染应急计划，并配备相应的溢油污染应急设备和器材。

第七十条 进行下列活动，应当事先按照有关规定报经有关部门批准或者核准：

（一）船舶在港区水域内使用焚烧炉；

（二）船舶在港区水域内进行洗舱、清舱、驱气、排放压载水、残油、含油污水接收、舷外拷铲及油漆等作业；

（三）船舶、码头、设施使用化学消油剂；

（四）船舶冲洗沾有污染物、有毒有害物质的甲板；

（五）船舶进行散装液体污染危害性货物的过驳作业；

（六）从事船舶水上拆解、打捞、修造和其他水上、水下船舶施工作业。

第七十一条 船舶发生海难事故，造成或者可能造成海洋环境重大污染损害的，国家海事行政主管部门有权强制采取避免或者减少污染损害的措施。

对在公海上因发生海难事故，造成中华人民共和国管辖海域重大污染损害后果或者具有污染威胁的船舶、海上设施，国家海事行政主管部门有权采取与实际的或者可能发生的损害相称的必要措施。

第七十二条 所有船舶均有监视海上污染的义务，在发现海上污染事故或者违反本法规定的行为时，必须立即向就近的依照本法规定行使海洋环境监督管理权的部门报告。

民用航空器发现海上排污或者污染事件，必须及时向就近的民用航空空中交通管制单位报告。接到报告的单位，应当立即向依照本法规定行使海洋环境监督管理权的部门通报。

第九章 法律责任

第七十三条 违反本法有关规定，有下列行为之一的，由依照本法规定行使海洋环境监督管理权的部门责令限期改正，并处以罚款：

（一）向海域排放本法禁止排放的污染物或者其他物质的；

（二）不按照本法规定向海洋排放污染物，或者超过标准排放污染物的；

（三）未取得海洋倾倒许可证，向海洋倾倒废弃物的；

（四）因发生事故或者其他突发性事件，造成海洋环境污染事故，不立即采取处理措施的。

有前款第（一）、（三）项行为之一的，处3万元以上20万元以下的罚款；有前款第（二）、（四）项行为之一的，处2万元以上10

万元以下的罚款。

第七十四条 违反本法有关规定，有下列行为之一的，由依照本法规定行使海洋环境监督管理权的部门予以警告，或者处以罚款：

（一）不按照规定申报，甚至拒报污染物排放有关事项，或者在申报时弄虚作假的；

（二）发生事故或者其他突发性事件不按照规定报告的；

（三）不按照规定记录倾倒情况，或者不按照规定提交倾倒报告的；

（四）拒报或者谎报船舶载运污染危害性货物申报事项的。

有前款第（一）、（三）项行为之一的，处 2 万元以下的罚款；有前款第（二）、（四）项行为之一的，处五万元以下的罚款。

第七十五条 违反本法第十九条第二款的规定，拒绝现场检查，或者在被检查时弄虚作假的，由依照本法规定行使海洋环境监督管理权的部门予以警告，并处 2 万元以下的罚款。

第七十六条 违反本法规定，造成珊瑚礁、红树林等海洋生态系统及海洋水产资源、海洋保护区破坏的，由依照本法规定行使海洋环境监督管理权的部门责令限期改正和采取补救措施，并处 1 万元以上 10 万元以下的罚款；有违法所得的，没收其违法所得。

第七十七条 违反本法第三十条第一款、第三款规定设置入海排污口的，由县级以上地方人民政府环境保护行政主管部门责令其关闭，并处 2 万元以上 10 万元以下的罚款。

第七十八条 违反本法第三十二条第三款的规定，擅自拆除、闲置环境保护设施的，由县级以上地方人民政府环境保护行政主管部门责令重新安装使用，并处 1 万元以上 10 万元以下的罚款。

第七十九条 违反本法第三十九条第二款的规定，经中华人民共和国管辖海域，转移危险废物的，由国家海事行政主管部门责令非法运输该危险废物的船舶退出中华人民共和国管辖海域，并处5万元以上50万元以下的罚款。

第八十条 违反本法第四十三条第一款的规定，未持有经审核和批准的环境影响报告书，兴建海岸工程建设项目的，由县级以上地方人民政府环境保护行政主管部门责令其停止违法行为和采取补救措施，并处5万元以上20万元以下的罚款；或者按照管理权限，由县级以上地方人民政府责令其限期拆除。

第八十一条 违反本法第四十四条的规定，海岸工程建设项目未建成环境保护设施，或者环境保护设施未达到规定要求即投入生产、使用的，由环境保护行政主管部门责令其停止生产或者使用，并处2万元以上10万元以下的罚款。

第八十二条 违反本法第四十五条的规定，新建严重污染海洋环境的工业生产建设项目的，按照管理权限，由县级以上人民政府责令关闭。

第八十三条 违反本法第四十七条第一款、第四十八条的规定，进行海洋工程建设项目，或者海洋工程建设项目未建成环境保护设施、环境保护设施未达到规定要求即投入生产、使用的，由海洋行政主管部门责令其停止施工或者生产、使用，并处5万元以上20万元以下的罚款。

第八十四条 违反本法第四十九条的规定，使用含超标准放射性物质或者易溶出有毒有害物质材料的，由海洋行政主管部门处5万元以下的罚款，并责令其停止该建设项目的运行，直到消除污染危害。

第八十五条 违反本法规定进行海洋石油勘探开发活动，造成海洋环境污染的，由国家海洋行政主管部门予以警告，并处2万元以上20万元以下的罚款。

第八十六条 违反本法规定，不按照许可证的规定倾倒，或者向已经封闭的倾倒区倾倒废弃物的，由海洋行政主管部门予以警告，并处3万元以上20万元以下的罚款；对情节严重的，可以暂扣或者吊销许可证。

第八十七条 违反本法第五十五条第三款的规定,将中华人民共和国境外废弃物运进中华人民共和国管辖海域倾倒的,由国家海洋行政主管部门予以警告,并根据造成或者可能造成的危害后果,处10万元以上100万元以下的罚款。

第八十八条 违反本法规定,有下列行为之一的,由依照本法规定行使海洋环境监督管理权的部门予以警告,或者处以罚款:

(一)港口、码头、装卸站及船舶未配备防污设施、器材的;

(二)船舶未持有防污证书、防污文书,或者不按照规定记载排污记录的;

(三)从事水上和港区水域拆船、旧船改装、打捞和其他水上、水下施工作业,造成海洋环境污染损害的;

(四)船舶载运的货物不具备防污适运条件的。

有前款第(一)、(四)项行为之一的,处2万元以上10万元以下的罚款;有前款第(二)项行为的,处二万元以下的罚款;有前款第(三)项行为的,处5万元以上20万元以下的罚款。

第八十九条 违反本法规定,船舶、石油平台和装卸油类的港口、码头、装卸站不编制溢油应急计划的,由依照本法规定行使海洋环境监督管理权的部门予以警告,或者责令限期改正。

第九十条 造成海洋环境污染损害的责任者,应当排除危害,并赔偿损失;完全由于第三者的故意或者过失,造成海洋环境污染损害的,由第三者排除危害,并承担赔偿责任。

对破坏海洋生态、海洋水产资源、海洋保护区,给国家造成重大损失的,由依照本法规定行使海洋环境监督管理权的部门代表国家对责任者提出损害赔偿要求。

第九十一条 对违反本法规定,造成海洋环境污染事故的单位,由依照本法规定行使海洋环境监督管理权的部门根据所造成的危害和损失处以罚款;负有直接责任的主管人员和其他直接责任人员属于国家工作人员的,依法给予行政处分。

前款规定的罚款数额按照直接损失的百分之三十计算,但最高不得超过30万元。

对造成重大海洋环境污染事故,致使公私财产遭受重大损失或者人身伤亡严重后果的,依法追究刑事责任。

第九十二条 完全属于下列情形之一,经过及时采取合理措施,仍然不能避免对海洋环境造成污染损害的,造成污染损害的有关责任者免予承担责任:

(一)战争;

(二)不可抗拒的自然灾害;

(三)负责灯塔或者其他助航设备的主管部门,在执行职责时的疏忽,或者其他过失行为。

第九十三条 对违反本法第十一条、第十二条有关缴纳排污费、倾倒费和限期治理规定的行政处罚,由国务院规定。

第九十四条 海洋环境监督管理人员滥用职权、玩忽职守、徇私舞弊,造成海洋环境污染损害的,依法给予行政处分;构成犯罪的,依法追究刑事责任。

第十章 附 则

第九十五条 本法中下列用语的含义是:

(一)海洋环境污染损害,是指直接或者间接地把物质或者能量引入海洋环境,产生损害海洋生物资源、危害人体健康、妨害渔业和海上其他合法活动、损害海水使用素质和减损环境质量等有害影响。

(二)内水,是指我国领海基线向内陆一侧的所有海域。

(三)滨海湿地,是指低潮时水深浅于6米的水域及其沿岸浸湿地带,包括水深不超过6米的永久性水域、潮间带(或洪泛地带)和沿海低地等。

（四）海洋功能区划，是指依据海洋自然属性和社会属性，以及自然资源和环境特定条件，界定海洋利用的主导功能和使用范畴。

（五）渔业水域，是指鱼虾类的产卵场、索饵场、越冬场、洄游通道和鱼虾贝藻类的养殖场。

（六）油类，是指任何类型的油及其炼制品。

（七）油性混合物，是指任何含有油份的混合物。

（八）排放，是指把污染物排入海洋的行为，包括泵出、溢出、泄出、喷出和倒出。

（九）陆地污染源（简称陆源），是指从陆地向海域排放污染物，造成或者可能造成海洋环境污染的场所、设施等。

（十）陆源污染物，是指由陆地污染源排放的污染物。

（十一）倾倒，是指通过船舶、航空器、平台或者其他载运工具，向海洋处置废弃物和其他有害物质的行为，包括弃置船舶、航空器、平台及其辅助设施和其他浮动工具的行为。

（十二）沿海陆域，是指与海岸相连，或者通过管道、沟渠、设施，直接或者间接向海洋排放污染物及其相关活动的一带区域。

（十三）海上焚烧，是指以热摧毁为目的，在海上焚烧设施上，故意焚烧废弃物或者其他物质的行为，但船舶、平台或者其他人工构造物正常操作中，所附带发生的行为除外。

第九十六条 涉及海洋环境监督管理的有关部门的具体职权划分，本法未作规定的，由国务院规定。

第九十七条 中华人民共和国缔结或者参加的与海洋环境保护有关的国际条约与本法有不同规定的，适用国际条约的规定；但是，中华人民共和国声明保留的条款除外。

第九十八条 本法自 2000 年 4 月 1 日起施行。

防治海洋工程建设项目污染损害海洋环境管理条例

（2006 年中华人民共和国国务院第 475 号令）

第一章 总 则

第一条 为了防治和减轻海洋工程建设项目（以下简称海洋工程）污染损害海洋环境，维护海洋生态平衡，保护海洋资源，根据《中华人民共和国海洋环境保护法》，制定本条例。

第二条 在中华人民共和国管辖海域内从事海洋工程污染损害海洋环境防治活动，适用本条例。

第三条 本条例所称海洋工程，是指以开发、利用、保护、恢复海洋资源为目的，并且工程主体位于海岸线向海一侧的新建、改建、扩建工程。具体包括：

（一）围填海、海上堤坝工程；

（二）人工岛、海上和海底物资储藏设施、跨海桥梁、海底隧道工程；

（三）海底管道、海底电（光）缆工程；

（四）海洋矿产资源勘探开发及其附属工程；

（五）海上潮汐电站、波浪电站、温差电站等海洋能源开发利用工程；

（六）大型海水养殖场、人工鱼礁工程；

（七）盐田、海水淡化等海水综合利用工程；

（八）海上娱乐及运动、景观开发工程；

（九）国家海洋主管部门会同国务院环境保护主管部门规定的其他海洋工程。

第四条 国家海洋主管部门负责全国海洋工程环境保护工作的监督管理，并接受国务院环境保护主管部门的指导、协调和监督。沿海县级以上地方人民政府海洋主管部门负责本行政区域毗邻海域海洋工程环境保护工作的监督管理。

第五条 海洋工程的选址和建设应当符合海洋功能区划、海洋环境保护规划和国家有关环境保护标准，不得影响海洋功能区的环境质量或者损害相邻海域的功能。

第六条 国家海洋主管部门根据国家重点海域污染物排海总量控制指标，分配重点海域海洋工程污染物排海控制数量。

第七条 任何单位和个人对海洋工程污染损害海洋环境、破坏海洋生态等违法行为，都有权向海洋主管部门进行举报。

接到举报的海洋主管部门应当依法进行调查处理，并为举报人保密。

第二章 环境影响评价

第八条 国家实行海洋工程环境影响评价制度。

海洋工程的环境影响评价，应当以工程对海洋环境和海洋资源的影响为重点进行综合分析、预测和评估，并提出相应的生态保护措施，预防、控制或者减轻工程对海洋环境和海洋资源造成的影响和破坏。

海洋工程环境影响报告书应当依据海洋工程环境影响评价技术标准及其他相关环境保护标准编制。编制环境影响报告书应当使用符合国家海洋主管部门要求的调查、监测资料。

第九条 海洋工程环境影响报告书应当包括下列内容：

（一）工程概况；

（二）工程所在海域环境现状和相邻海域开发利用情况；

（三）工程对海洋环境和海洋资源可能造成影响的分析、预测和评估；

（四）工程对相邻海域功能和其他开发利用活动影响的分析及预测；

（五）工程对海洋环境影响的经济损益分析和环境风险分析；

（六）拟采取的环境保护措施及其经济、技术论证；

（七）公众参与情况；

（八）环境影响评价结论。海洋工程可能对海岸生态环境产生破坏的，其环境影响报告书中应当增加工程对近岸自然保护区等陆地生态系统影响的分析和评价。

第十条　新建、改建、扩建海洋工程的建设单位，应当委托具有相应环境影响评价资质的单位编制环境影响报告书，报有核准权的海洋主管部门核准。

海洋主管部门在核准海洋工程环境影响报告书前，应当征求海事、渔业主管部门和军队环境保护部门的意见；必要时，可以举行听证会。其中，围填海工程必须举行听证会。

海洋主管部门在核准海洋工程环境影响报告书后，应当将核准后的环境影响报告书报同级环境保护主管部门备案，接受环境保护主管部门的监督。

海洋工程建设单位在办理项目审批、核准、备案手续时，应当提交经海洋主管部门核准的海洋工程环境影响报告书。

第十一条　下列海洋工程的环境影响报告书，由国家海洋主管部门核准：

（一）涉及国家海洋权益、国防安全等特殊性质的工程；

（二）海洋矿产资源勘探开发及其附属工程；

（三）50 公顷以上的填海工程，100 公顷以上的围海工程；

（四）潮汐电站、波浪电站、温差电站等海洋能源开发利用工程；

（五）由国务院或者国务院有关部门审批的海洋工程。

前款规定以外的海洋工程的环境影响报告书，由沿海县级以上地方人民政府海洋主管部门根据沿海省、自治区、直辖市人民政府规定的权限核准。

海洋工程可能造成跨区域环境影响并且有关海洋主管部门对环境影响评价结论有争议的，该工程的环境影响报告书由其共同的上一级海洋主管部门核准。

第十二条 海洋主管部门应当自收到海洋工程环境影响报告书之日起60个工作日内，作出是否核准的决定，书面通知建设单位。

需要补充材料的，应当及时通知建设单位，核准期限从材料补齐之日起重新计算。

第十三条 海洋工程环境影响报告书核准后，工程的性质、规模、地点、生产工艺或者拟采取的环境保护措施等发生重大改变的，建设单位应当委托具有相应环境影响评价资质的单位重新编制环境影响报告书，报原核准该工程环境影响报告书的海洋主管部门核准；海洋工程自环境影响报告书核准之日起超过5年方开工建设的，应当在工程开工建设前，将该工程的环境影响报告书报原核准该工程环境影响报告书的海洋主管部门重新核准。

海洋主管部门在重新核准海洋工程环境影响报告书后，应当将重新核准后的环境影响报告书报同级环境保护主管部门备案。

第十四条 建设单位可以采取招标方式确定海洋工程的环境影响评价单位。其他任何单位和个人不得为海洋工程指定环境影响评价单位。

第十五条 从事海洋工程环境影响评价的单位和有关技术人员，应当按照国务院环境保护主管部门的规定，取得相应的资质证书和资格证书。

国务院环境保护主管部门在颁发海洋工程环境影响评价单位

的资质证书前，应当征求国家海洋主管部门的意见。

第三章　海洋工程的污染防治

第十六条　海洋工程的环境保护设施应当与主体工程同时设计、同时施工、同时投产使用。

第十七条　海洋工程的初步设计，应当按照环境保护设计规范和经核准的环境影响报告书的要求，编制环境保护篇章，落实环境保护措施和环境保护投资概算。

第十八条　建设单位应当在海洋工程投入运行之日 30 个工作日前，向原核准该工程环境影响报告书的海洋主管部门申请环境保护设施的验收；海洋工程投入试运行的，应当自该工程投入试运行之日起 60 个工作日内，向原核准该工程环境影响报告书的海洋主管部门申请环境保护设施的验收。

分期建设、分期投入运行的海洋工程，其相应的环境保护设施应当分期验收。

第十九条　海洋主管部门应当自收到环境保护设施验收申请之日起 30 个工作日内完成验收；验收不合格的，应当限期整改。

海洋工程需要配套建设的环境保护设施未经海洋主管部门验收或者经验收不合格的，该工程不得投入运行。

建设单位不得擅自拆除或者闲置海洋工程的环境保护设施。

第二十条　海洋工程在建设、运行过程中产生不符合经核准的环境影响报告书的情形的，建设单位应当自该情形出现之日起 20 个工作日内组织环境影响的后评价，根据后评价结论采取改进措施，并将后评价结论和采取的改进措施报原核准该工程环境影响报告书的海洋主管部门备案；原核准该工程环境影响报告书的海洋主管部门也可以责成建设单位进行环境影响的后评价，采取改进措施。

第二十一条　严格控制围填海工程。禁止在经济生物的自然产卵场、繁殖场、索饵场和鸟类栖息地进行围填海活动。

围填海工程使用的填充材料应当符合有关环境保护标准。

第二十二条 建设海洋工程,不得造成领海基点及其周围环境的侵蚀、淤积和损害,危及领海基点的稳定。

进行海上堤坝、跨海桥梁、海上娱乐及运动、景观开发工程建设的,应当采取有效措施防止对海岸的侵蚀或者淤积。

第二十三条 污水离岸排放工程排污口的设置应当符合海洋功能区划和海洋环境保护规划,不得损害相邻海域的功能。

污水离岸排放不得超过国家或者地方规定的排放标准。在实行污染物排海总量控制的海域,不得超过污染物排海总量控制指标。

第二十四条 从事海水养殖的养殖者,应当采取科学的养殖方式,减少养殖饵料对海洋环境的污染。因养殖污染海域或者严重破坏海洋景观的,养殖者应当予以恢复和整治。

第二十五条 建设单位在海洋固体矿产资源勘探开发工程的建设、运行过程中,应当采取有效措施,防止污染物大范围悬浮扩散,破坏海洋环境。

第二十六条 海洋油气矿产资源勘探开发作业中应当配备油水分离设施、含油污水处理设备、排油监控装置、残油和废油回收设施、垃圾粉碎设备。

海洋油气矿产资源勘探开发作业中所使用的固定式平台、移动式平台、浮式储油装置、输油管线及其他辅助设施,应当符合防渗、防漏、防腐蚀的要求;作业单位应当经常检查,防止发生漏油事故。

前款所称固定式平台和移动式平台,是指海洋油气矿产资源勘探开发作业中所使用的钻井船、钻井平台、采油平台和其他平台。

第二十七条 海洋油气矿产资源勘探开发单位应当办理有关

污染损害民事责任保险。

第二十八条 海洋工程建设过程中需要进行海上爆破作业的,建设单位应当在爆破作业前报告海洋主管部门,海洋主管部门应当及时通报海事、渔业等有关部门。

进行海上爆破作业,应当设置明显的标志、信号,并采取有效措施保护海洋资源。在重要渔业水域进行炸药爆破作业或者进行其他可能对渔业资源造成损害的作业活动的,应当避开主要经济类鱼虾的产卵期。

第二十九条 海洋工程需要拆除或者改作他用的,应当报原核准该工程环境影响报告书的海洋主管部门批准。拆除或者改变用途后可能产生重大环境影响的,应当进行环境影响评价。

海洋工程需要在海上弃置的,应当拆除可能造成海洋环境污染损害或者影响海洋资源开发利用的部分,并按照有关海洋倾倒废弃物管理的规定进行。

海洋工程拆除时,施工单位应当编制拆除的环境保护方案,采取必要的措施,防止对海洋环境造成污染和损害。

第四章 污染物排放管理

第三十条 海洋油气矿产资源勘探开发作业中产生的污染物的处置,应当遵守下列规定:

(一)含油污水不得直接或者经稀释排放入海,应当经处理符合国家有关排放标准后再排放;

(二)塑料制品、残油、废油、油基泥浆、含油垃圾和其他有毒有害残液残渣,不得直接排放或者弃置入海,应当集中储存在专门容器中,运回陆地处理。

第三十一条 严格控制向水基泥浆中添加油类,确需添加的,应当如实记录并向原核准该工程环境影响报告书的海洋主管部门报告添加油的种类和数量。禁止向海域排放含油量超过国家规定标准的水基泥浆和钻屑。

第三十二条 建设单位在海洋工程试运行或者正式投入运行后,应当如实记录污染物排放设施、处理设备的运转情况及其污染物的排放、处置情况,并按照国家海洋主管部门的规定,定期向原核准该工程环境影响报告书的海洋主管部门报告。

第三十三条 县级以上人民政府海洋主管部门,应当按照各自的权限核定海洋工程排放污染物的种类、数量,根据国务院价格主管部门和财政部门制定的收费标准确定排污者应当缴纳的排污费数额。

排污者应当到指定的商业银行缴纳排污费。

第三十四条 海洋油气矿产资源勘探开发作业中应当安装污染物流量自动监控仪器,对生产污水、机舱污水和生活污水的排放进行计量。

第三十五条 禁止向海域排放油类、酸液、碱液、剧毒废液和高、中水平放射性废水;严格限制向海域排放低水平放射性废水,确需排放的,应当符合国家放射性污染防治标准。

严格限制向大气排放含有毒物质的气体,确需排放的,应当经过净化处理,并不得超过国家或者地方规定的排放标准;向大气排放含放射性物质的气体,应当符合国家放射性污染防治标准。

严格控制向海域排放含有不易降解的有机物和重金属的废水;其他污染物的排放应当符合国家或者地方标准。

第三十六条 海洋工程排污费全额纳入财政预算,实行“收支两条线”管理,并全部专项用于海洋环境污染防治。具体办法由国务院财政部门会同国家海洋主管部门制定。

第五章 污染事故的预防和处理

第三十七条 建设单位应当在海洋工程正式投入运行前制定防治海洋工程污染损害海洋环境的应急预案,报原核准该工程环境影响报告书的海洋主管部门和有关主管部门备案。

第三十八条 防治海洋工程污染损害海洋环境的应急预案应当包括以下内容：

（一）工程及其相邻海域的环境、资源状况；

（二）污染事故风险分析；

（三）应急设施的配备；

（四）污染事故的处理方案。

第三十九条 海洋工程在建设、运行期间，由于发生事故或者其他突发性事件，造成或者可能造成海洋环境污染事故时，建设单位应当立即向可能受到污染的沿海县级以上地方人民政府海洋主管部门或者其他有关主管部门报告，并采取有效措施，减轻或者消除污染，同时通报可能受到危害的单位和个人。

沿海县级以上地方人民政府海洋主管部门或者其他有关主管部门接到报告后，应当按照污染事故分级规定及时向县级以上人民政府和上级有关主管部门报告。县级以上人民政府和有关主管部门应当按照各自的职责，立即派人赶赴现场，采取有效措施，消除或者减轻危害，对污染事故进行调查处理。

第四十条 在海洋自然保护区内进行海洋工程建设活动，应当按照国家有关海洋自然保护区的规定执行。

第六章 监督检查

第四十一条 县级以上人民政府海洋主管部门负责海洋工程污染损害海洋环境防治的监督检查，对违反海洋污染防治法律、法规的行为进行查处。

县级以上人民政府海洋主管部门的监督检查人员应当严格按照法律、法规规定的程序和权限进行监督检查。

第四十二条 县级以上人民政府海洋主管部门依法对海洋工程进行现场检查时，有权采取下列措施：

（一）要求被检查单位或者个人提供与环境保护有关的文件、证件、数据以及技术资料等，进行查阅或者复制；

（二）要求被检查单位负责人或者相关人员就有关问题作出说明；

（三）进入被检查单位的工作现场进行监测、勘查、取样检验、拍照、摄像；

（四）检查各项环境保护设施、设备和器材的安装、运行情况；

（五）责令违法者停止违法活动，接受调查处理；

（六）要求违法者采取有效措施，防止污染事态扩大。

第四十三条 县级以上人民政府海洋主管部门的监督检查人员进行现场执法检查时，应当出示规定的执法证件。用于执法检查、巡航监视的公务飞机、船舶和车辆应当有明显的执法标志。

第四十四条 被检查单位和个人应当如实提供材料，不得拒绝或者阻碍监督检查人员依法执行公务。

有关单位和个人对海洋主管部门的监督检查工作应当予以配合。

第四十五条 县级以上人民政府海洋主管部门对违反海洋污染防治法律、法规的行为，应当依法作出行政处理决定；有关海洋主管部门不依法作出行政处理决定的，上级海洋主管部门有权责令其依法作出行政处理决定或者直接作出行政处理决定。

第七章 法律责任

第四十六条 建设单位违反本条例规定，有下列行为之一的，由负责核准该工程环境影响报告书的海洋主管部门责令停止建设、运行，限期补办手续，并处5万元以上20万元以下的罚款：

（一）环境影响报告书未经核准，擅自开工建设的；

（二）海洋工程环境保护设施未申请验收或者经验收不合格即投入运行的。

第四十七条 建设单位违反本条例规定，有下列行为之一的，由原核准该工程环境影响报告书的海洋主管部门责令停止建设、运行，限期补办手续，并处5万元以上20万元以下的罚款：

（一）海洋工程的性质、规模、地点、生产工艺或者拟采取的环境保护措施发生重大改变，未重新编制环境影响报告书报原核准该工程环境影响报告书的海洋主管部门核准的；

（二）自环境影响报告书核准之日起超过5年，海洋工程方开工建设，其环境影响报告书未重新报原核准该工程环境影响报告书的海洋主管部门核准的；

（三）海洋工程需要拆除或者改作他用时，未报原核准该工程环境影响报告书的海洋主管部门批准或者未按要求进行环境影响评价的。

第四十八条 建设单位违反本条例规定，有下列行为之一的，由原核准该工程环境影响报告书的海洋主管部门责令限期改正；逾期不改正的，责令停止运行，并处1万元以上10万元以下的罚款：

（一）擅自拆除或者闲置环境保护设施的；

（二）未在规定时间内进行环境影响后评价或者未按要求采取整改措施的。

第四十九条 建设单位违反本条例规定，有下列行为之一的，由县级以上人民政府海洋主管部门责令停止建设、运行，限期恢复原状；逾期未恢复原状的，海洋主管部门可以指定具有相应资质的单位代为恢复原状，所需费用由建设单位承担，并处恢复原状所需费用1倍以上2倍以下的罚款：

（一）造成领海基点及其周围环境被侵蚀、淤积或者损害的；

（二）违反规定在海洋自然保护区内进行海洋工程建设活动的。

第五十条 建设单位违反本条例规定，在围填海工程中使用的填充材料不符合有关环境保护标准的，由县级以上人民政府海洋主管部门责令限期改正；逾期不改正的，责令停止建设、运行，并处 5 万元以上 20 万元以下的罚款；造成海洋环境污染事故，直接负责的主管人员和其他直接责任人员构成犯罪的，依法追究刑事责任。

第五十一条　建设单位违反本条例规定，有下列行为之一的，由原核准该工程环境影响报告书的海洋主管部门责令限期改正；逾期不改正的，处 1 万元以上 5 万元以下的罚款：

（一）未按规定报告污染物排放设施、处理设备的运转情况或者污染物的排放、处置情况的；

（二）未按规定报告其向水基泥浆中添加油的种类和数量的；

（三）未按规定将防治海洋工程污染损害海洋环境的应急预案备案的；

（四）在海上爆破作业前未按规定报告海洋主管部门的；

（五）进行海上爆破作业时，未按规定设置明显标志、信号的。

第五十二条　建设单位违反本条例规定，进行海上爆破作业时未采取有效措施保护海洋资源的，由县级以上人民政府海洋主管部门责令限期改正；逾期未改正的，处 1 万元以上 10 万元以下的罚款。

建设单位违反本条例规定，在重要渔业水域进行炸药爆破或者进行其他可能对渔业资源造成损害的作业，未避开主要经济类鱼虾产卵期的，由县级以上人民政府海洋主管部门予以警告、责令停止作业，并处 5 万元以上 20 万元以下的罚款。

第五十三条　海洋油气矿产资源勘探开发单位违反本条例规定向海洋排放含油污水，或者将塑料制品、残油、废油、油基泥浆、含油垃圾和其他有毒有害残液残渣直接排放或者弃置入海的，由国家海洋主管部门或者其派出机构责令限期清理，并处 2 万元以上 20 万元以下的罚款；逾期未清理的，国家海洋主管部门或者其派出机构可以指定有相应资质的单位代为清理,所需费用由海洋油气矿产资源勘探开发单位承担;造成海洋环境污染事故,直接负责的主管人员和其他直接责任人员构成犯罪的,依法追究刑事责任。

第五十四条 海水养殖者未按规定采取科学的养殖方式,对海洋环境造成污染或者严重影响海洋景观的,由县级以上人民政府海洋主管部门责令限期改正;逾期不改正的,责令停止养殖活动,并处清理污染或者恢复海洋景观所需费用1倍以上2倍以下的罚款。

第五十五条 建设单位未按本条例规定缴纳排污费的,由县级以上人民政府海洋主管部门责令限期缴纳;逾期拒不缴纳的,处应缴纳排污费数额2倍以上3倍以下的罚款。

第五十六条 违反本条例规定,造成海洋环境污染损害的,责任者应当排除危害,赔偿损失。完全由于第三者的故意或者过失造成海洋环境污染损害的,由第三者排除危害,承担赔偿责任。

违反本条例规定,造成海洋环境污染事故,直接负责的主管人员和其他直接责任人员构成犯罪的,依法追究刑事责任。

第五十七条 海洋主管部门的工作人员违反本条例规定,有下列情形之一的,依法给予行政处分;构成犯罪的,依法追究刑事责任:

(一)未按规定核准海洋工程环境影响报告书的;

(二)未按规定验收环境保护设施的;

(三)未按规定对海洋环境污染事故进行报告和调查处理的;

(四)未按规定征收排污费的;

(五)未按规定进行监督检查的。

第八章 附　　则

第五十八条 船舶污染的防治按照国家有关法律、行政法规的规定执行。

第五十九条 本条例自2006年11月1日起施行。

防治海岸工程建设项目污染损害海洋环境管理条例

（2007年中华人民共和国国务院令第507号）

第一条 为加强海岸工程建设项目的环境保护管理，严格控制新的污染，保护和改善海洋环境，根据《中华人民共和国海洋环境保护法》，制定本条例。

第二条 本条例所称海岸工程建设项目，是指位于海岸或者与海岸连接，工程主体位于海岸线向陆一侧，对海洋环境产生影响的新建、改建、扩建工程项目。具体包括：

（一）港口、码头、航道、滨海机场工程项目；

（二）造船厂、修船厂；

（三）滨海火电站、核电站、风电站；

（四）滨海物资存储设施工程项目；

（五）滨海矿山、化工、轻工、冶金等工业工程项目；

（六）固体废弃物、污水等污染物处理处置排海工程项目；

（七）滨海大型养殖场；

（八）海岸防护工程、砂石场和入海河口处的水利设施；

（九）滨海石油勘探开发工程项目；

（十）国务院环境保护主管部门会同国家海洋主管部门规定的其他海岸工程项目。

第三条 本条例适用于在中华人民共和国境内兴建海岸工程建设项目的一切单位和个人。

拆船厂建设项目的环境保护管理，依照《防止拆船污染环境管理条例》执行。

第四条 建设海岸工程建设项目，应当符合所在经济区的区域环境保护规划的要求。

第五条 国务院环境保护主管部门，主管全国海岸工程建设项目的环境保护工作。

沿海县级以上地方人民政府环境保护主管部门，主管本行政区域内的海岸工程建设项目的环境保护工作。

第六条 新建、改建、扩建海岸工程建设项目，应当遵守国家有关建设项目环境保护管理的规定。

第七条 海岸工程建设项目的建设单位，应当在可行性研究阶段，编制环境影响报告书（表），按照环境保护法律法规的规定，经有关部门预审后，报环境保护主管部门审批。

环境保护主管部门在批准海岸工程建设项目的环境影响报告书之前，应当征求海事、渔业主管部门和军队环境保护部门的意见。

禁止在天然港湾有航运价值的区域、重要苗种基地和养殖场所及水面、滩涂中的鱼、虾、蟹、贝、藻类的自然产卵场、繁殖场、索饵场及重要的洄游通道围海造地。

第八条 海岸工程建设项目环境影响报告书的内容，除按有关规定编制外，还应当包括：

（一）所在地及其附近海域的环境状况；

（二）建设过程中和建成后可能对海洋环境造成的影响；

（三）海洋环境保护措施及其技术、经济可行性论证结论；

（四）建设项目海洋环境影响评价结论。

海岸工程建设项目环境影响报告表，应当参照前款规定填报。

第九条 禁止兴建向中华人民共和国海域及海岸转嫁污染的中外合资经营企业、中外合作经营企业和外资企业；海岸工程建设项目引进技术和设备，应当有相应的防治污染措施，防止转嫁污染。

第十条 在海洋特别保护区、海上自然保护区、海滨风景游览区、盐场保护区、海水浴场、重要渔业水域和其他需要特殊保护的区域内不得建设污染环境、破坏景观的海岸工程建设项目;在其区域外建设海岸工程建设项目的,不得损害上述区域的环境质量。法律法规另有规定的除外。

第十一条 承担海岸工程建设项目环境影响评价的单位,应当依法取得《建设项目环境影响评价资质证书》,按照证书中规定的范围承担评价任务。

第十二条 海岸工程建设项目竣工验收时,建设项目的环境保护设施,应当经环境保护主管部门验收合格后,该建设项目方可正式投入生产或者使用。

第十三条 县级以上人民政府环境保护主管部门,按照项目管理权限,可以会同有关部门对海岸工程建设项目进行现场检查,被检查者应当如实反映情况、提供资料。检查者有责任为被检查者保守技术秘密和业务秘密。法律法规另有规定的除外。

第十四条 设置向海域排放废水设施的,应当合理利用海水自净能力,选择好排污口的位置。采用暗沟或者管道方式排放的,出水管口位置应当在低潮线以下。

第十五条 建设港口、码头,应当设置与其吞吐能力和货物种类相适应的防污设施。

港口、油码头、化学危险品码头,应当配备海上重大污染损害事故应急设备和器材。

现有港口、码头未达到前两款规定要求的,由环境保护主管部门会同港口、码头主管部门责令其限期设置或者配备。

第十六条 建设岸边造船厂、修船厂,应当设置与其性质、规模相适应的残油、废油接收处理设施,含油废水接收处理设施,拦油、收油、消油设施,工业废水接收处理设施,工业和船舶垃圾接收处理设施等。

第十七条 建设滨海核电站和其他核设施,应当严格遵守国家有关核环境保护和放射防护的规定及标准。

第十八条 建设岸边油库,应当设置含油废水接收处理设施,库场地面冲刷废水的集接、处理设施和事故应急设施;输油管线和储油设施应当符合国家关于防渗漏、防腐蚀的规定。

第十九条 建设滨海矿山,在开采、选矿、运输、贮存、冶炼和尾矿处理等过程中,应当按照有关规定采取防止污染损害海洋环境的措施。

第二十条 建设滨海垃圾场或者工业废渣填埋场,应当建造防护堤坝和场底封闭层,设置渗液收集、导出、处理系统和可燃性气体防爆装置。

第二十一条 修筑海岸防护工程,在入海河口处兴建水利设施、航道或者综合整治工程,应当采取措施,不得损害生态环境及水产资源。

第二十二条 兴建海岸工程建设项目,不得改变、破坏国家和地方重点保护的野生动植物的生存环境。不得兴建可能导致重点保护的野生动植物生存环境污染和破坏的海岸工程建设项目;确需兴建的,应当征得野生动植物行政主管部门同意,并由建设单位负责组织采取易地繁育等措施,保证物种延续。

在鱼、虾、蟹、贝类的洄游通道建闸、筑坝,对渔业资源有严重影响的,建设单位应当建造过鱼设施或者采取其他补救措施。

第二十三条 集体所有制单位或者个人在全民所有的水域、海涂,建设构不成基本建设项目的养殖工程的,应当在县级以上地方人民政府规划的区域内进行。

集体所有制单位或者个人零星经营性采挖砂石,应当在县级以上地方人民政府指定的区域内采挖。

第二十四条 禁止在红树林和珊瑚礁生长的地区,建设毁坏红树林和珊瑚礁生态系统的海岸工程建设项目。

第二十五条 兴建海岸工程建设项目,应当防止导致海岸非正常侵蚀。

禁止在海岸保护设施管理部门规定的海岸保护设施的保护范围内从事爆破、采挖砂石、取土等危害海岸保护设施安全的活动。非经国务院授权的有关主管部门批准,不得占用或者拆除海岸保护设施。

第二十六条 未持有经审核和批准的环境影响报告书(表),兴建海岸工程建设项目的,依照《中华人民共和国海洋环境保护法》第八十条的规定予以处罚。

第二十七条 拒绝、阻挠环境保护主管部门进行现场检查,或者在被检查时弄虚作假的,由县级以上人民政府环境保护主管部门依照《中华人民共和国海洋环境保护法》第七十五条的规定予以处罚。

第二十八条 海岸工程建设项目的环境保护设施未建成或者未达到规定要求,该项目即投入生产、使用的,依照《中华人民共和国海洋环境保护法》第八十一条的规定予以处罚。

第二十九条 环境保护主管部门工作人员滥用职权、玩忽职守、徇私舞弊的,由其所在单位或者上级主管机关给予行政处分;构成犯罪的,依法追究刑事责任。

第三十条 本条例自 1990 年 8 月 1 日起施行。

中华人民共和国海洋石油勘探开发环境保护管理条例

（1983 年 12 月 29 日国务院公布）

第一条 为实施《中华人民共和国海洋环境保护法》，防止海洋石油勘探开发对海洋环境的污染损害，特制定本条例。

第二条 本条例适用于在中华人民共和国管辖海域从事石油勘探开发的企业、事业单位、作业者和个人，以及他们所使用的固定式和移动式平台及其他有关设施。

第三条 海洋石油勘探开发环境保护管理主管部门是中华人民共和国国家海洋局及其派出机构，以下称"主管部门"。

第四条 企业或作业者在编制油（气）田总体开发方案的同时，必须编制海洋环境影响报告书，报中华人民共和国城乡建设环境保护部。城乡建设环境保护部会同国家海洋局和石油工业部，按照国家基本建设项目环境保护管理的规定组织审批。

第五条 海洋环境影响报告书应包括以下内容：

（一）油田名称、地理位置、规模；

（二）油田所处海域的自然环境和海洋资源状况；

（三）油田开发中需要排放的废弃物种类、成分、数量、处理方式；

（四）对海洋环境影响的评价；海洋石油开发对周围海域自然环境、海洋资源可能产生的影响；对海洋渔业、航运、其他海上活动可能产生的影响；为避免、减轻各种有害影响，拟采取的环境保护措施；

（五）最终不可避免的影响、影响程度及原因；

（六）防范重大油污染事故的措施：防范组织，人员配备，技术装备，通信联络等。

第六条 企业、事业单位、作业者应具备防治油污染事故的应急能力，制定应急计划，配备与其所从事的海洋石油勘探开发规模相适应的油收回设施和围油、消油器材。

配备化学消油剂，应将其牌号、成分报告主管部门核准。

第七条 固定式和移动式平台的防污设备的要求：

（一）应设置油水分离设备；

（二）采油平台应设置含油污水处理设备，该设备处理后的污水含油量应达到国家排放标准；

（三）应设置排油监控装置；

（四）应设置残油、废油回收设施；

（五）应设置垃圾粉碎设备；

（六）上述设备应经中华人民共和国船舶检验机关检验合格，并获得有效证书。

第八条 1983 年 3 月 1 日以前，已经在中华人民共和国管辖海域从事石油勘探开发的固定式和移动式平台，防污设备达不到规定要求的，应采取有效措施，防止污染，并在本条例颁布后 3 年内使防污设备达到规定的要求。

第九条 企业、事业单位和作业者应具有有关污染损害民事责任保险或其他财务保证。

第十条 固定式和移动式平台应备有由主管部门批准格式的防污记录簿。

第十一条 固定式和移动式平台的含油污水，不得直接或稀释排放。经过处理后排放的污水，含油量必须符合国家有关含油污水排放标准。

第十二条 对其他废弃物的管理要求：

(一)残油、废油、油基泥浆、含油垃圾和其他有毒残液残渣,必须回收,不得排放或弃置入海;

(二)大量工业垃圾的弃置,按照海洋倾废的规定管理;零星工业垃圾,不得投弃于渔业水域和航道;

(三)生活垃圾,需要在距最近陆地12海里以内投弃的,应经粉碎处理,粒径应小于25毫米。

第十三条 海洋石油勘探开发需要在重要渔业水域进行炸药爆破或其他对渔业资源有损害的作业时,应采取有效措施,避开主要经济鱼虾类的产卵、繁殖和捕捞季节,作业前报告主管部门,作业时并应有明显的标志、信号。

主管部门接到报告后,应及时将作业地点、时间等通告有关单位。

第十四条 海上储油设施、输油管线应符合防渗、防漏、防腐蚀的要求,并应经常检查,保持良好状态,防止发生漏油事故。

第十五条 海上试油应使油气通过燃烧器充分燃烧。对试油中落海的油类和油性混合物,应采取有效措施处理,并如实记录。

第十六条 企业、事业单位及作业者在作业中发生溢油、漏油等污染事故,应迅速采取围油、回收油的措施,控制、减轻和消除污染。

发生大量溢油、漏油和井喷等重大油污染事故,应立即报告主管部门,并采取有效措施,控制和消除油污染,接受主管部门的调查处理。

第十七条 化学消油剂要控制使用:

(一)在发生油污染事故时,应采取回收措施,对少量确实无法回收的油,准许使用少量的化学消油剂。

(二)一次性使用化学消油剂的数量(包括溶剂在内),应根据不同海域等情况,由主管部门另做具体规定。作业者应按规定向主管部门报告,经准许后方可使用。

（三）在海洋浮油可能发生火灾或者严重危及人命和财产安全，又无法使用回收方法处理，而使用化学消油剂可以减轻污染和避免扩大事故后果的紧急情况下，使用化学消油剂的数量和报告程序可不受本条（二）项规定限制。但事后，应将事故情况和使用化学消油剂情况详细报告主管部门。

（四）必须使用经主管部门核准的化学消油剂。

第十八条 作业者应将下列情况详细地、如实地记载于平台防污记录簿：

（一）防污设备、设施的运行情况；

（二）含油污水处理和排放情况；

（三）其他废弃物的处理、排放和投弃情况；

（四）发生溢油、漏油、井喷等油污染事故及处理情况；

（五）进行爆破作业情况；

（六）使用化学消油剂的情况；

（七）主管部门规定的其他事项。

第十九条 企业和作业者在每季度末后15日内，应按主管部门批准的格式，向主管部门综合报告该季度防污染情况及污染事故的情况。

固定式平台和移动式平台的位置，应及时通知主管部门。

第二十条 主管部门的公务人员或指派的人员，有权登临固定式和移动式平台以及其他有关设施，进行监测和检查。包括：

（一）采集各类样品；

（二）检查各项防污设备、设施和器材的装备、运行或使用情况；

（三）检查有关的文书、证件；

（四）检查防污记录簿及有关的操作记录，必要时可进行复制和摘录，并要求平台负责人签证该复制和摘录件为正确无误的副本；

（五）向有关人员调查污染事故；

（六）其他有关的事项。

第二十一条　主管部门的公务船舶应有明显标志。公务人员或指派的人员执行公务时，必须穿着公务制服，携带证件。

被检查者应为上述公务船舶、公务人员和指派人员提供方便，并如实提供材料，陈述情况。

第二十二条　受到海洋石油勘探开发污染损害，要求赔偿的单位和个人，应按照《中华人民共和国环境保护法》第三十二条的规定及《中华人民共和国海洋环境保护法》第四十二条的规定，申请主管部门处理，要求造成污染损害的一方赔偿损失。受损害一方应提交污染损害索赔报告书，报告书应包括以下内容：

（一）受石油勘探开发污染损害的时间、地点、范围、对象；

（二）受污染损害的损失清单，包括品名、数量、单位、计算方法，以及养殖或自然等情况；

（三）有关科研部门鉴定或公证机关对损害情况的签证；

（四）尽可能提供受污染损害的原始单证，有关情况的照片，其他有关索赔的证明单据、材料。

第二十三条　因清除海洋石油勘探开发污染物，需要索取清除污染物费用的单位和个人（有商业合同者除外），在申请主管部门处理时，应向主管部门提交索取清除费用报告书。该报告书应包括以下内容：

（一）清除污染物的时间、地点、对象；

（二）投入的人力、机具、船只、清除材料的数量、单价、计算方法；

（三）组织清除的管理费、交通费及其他有关费用；

（四）清除效果及情况；

（五）其他有关的证据和证明材料。

第二十四条　由于不可抗力发生污染损害事故的企业、事业单位、作业者,要求免于承担赔偿责任的,应向主管部门提交报告。该报告应能证实污染损害确实属于《中华人民共和国海洋环境保护法》第四十三条所列的情况之一,并经过及时采取合理措施仍不能避免的。

第二十五条 主管部门受理的海洋石油勘探开发污染损害赔偿责任和赔偿金额纠纷,在调查了解的基础上,可以进行调解处理。

当事人不愿调解或对主管部门的调解处理不服的,可以按《中华人民共和国海洋环境保护法》第四十二条的规定办理。

第二十六条 主管部门对违反《中华人民共和国海洋环境保护法》和本条例的企业、事业单位、作业者,可以责令其限期治理,支付消除污染费用,赔偿国家损失;超过标准排放污染物的,可以责令其交纳排污费。

第二十七条 主管部门对违反《中华人民共和国海洋环境保护法》和本条例的企业、事业单位、作业者和个人,可视其情节轻重,予以警告或罚款处分。

罚款分为以下几种:

(一)对造成海洋环境污染的企业、事业单位、作业者的罚款,最高额为人民币10万元。

(二)对企业、事业单位、作业者的下列违法行为,罚款最高额为人民币5000元:

1. 不按规定向主管部门报告重大油污染事故;

2. 不按规定使用化学消油剂。

(三)对企业、事业单位、作业者的下列违法行为,罚款最高额为人民币1000元:

1. 不按规定配备防污记录簿;

2. 防污记录簿的记载非正规化或者伪造;

3. 不按规定报告或通知有关情况;

4. 阻挠公务人员或指派人员执行公务。

(四)对有直接责任的个人,可根据情节轻重,酌情处以罚款。

第二十八条 当事人对主管部门的处罚决定不服的,按《中华人民共和国海洋环境保护法》第四十一条的规定处理。

第二十九条 主管部门对主动检举、揭发企业、事业单位、作业者匿报石油勘探开发污染损害事故,或者提供证据,或者采取措施减轻污染损害的单位和个人,给予表扬和奖励。

第三十条 本条例中下列用语的含义是:

(一)"固定式和移动式平台",即《中华人民共和国海洋环境保护法》中所称的钻井船、钻井平台和采油平台,并包括其他平台。

(二)"海洋石油勘探开发",是指海洋石油勘探、开发、生产储存和管线输送等作业活动。

(三)"作业者",是指实施海洋石油勘探开发作业的实体。

第三十一条 本条例自发布之日起施行。

后　记

各级海事管理机构、航运企业、船舶有关作业单位等社会各界人士盼望已久的《中华人民共和国防治船舶污染海洋环境管理条例》(以下简称《条例》),已经2009年9月2日国务院第79次常务会议通过,于2010年3月1日起施行。《条例》的公布施行,必将对加强船舶及其有关作业的管理,保障水上交通安全、保护海域环境,促进交通事业又好又快地发展,产生深远影响。

为了配合《条例》的学习、宣传和贯彻实施,国务院法制办、交通运输部共同组织编写了《中华人民共和国防治船舶污染海洋环境管理条例释义》一书。该书采用逐条释义的方式,遵循理论和实际相结合的原则,对《条例》各条的立法原意和应有含义,设定的理由和意义,实践中的主要做法以及实施中应注意的问题,进行了比较详细的阐述,具有较强的针对性、理论性和实用性,对学习、宣传和贯彻实施《条例》有着重要的参考和指导作用。所以,本书可以作为海事管理机构培训海事执法人员的指定教材,也可以作为船员适任培训和特殊培训的辅导教材,还可以用于对船舶有关作业活动的人员进行安全与防治污染专业知识和技能的培训。

本书由国务院法制办副主任张穹、交通运输部副部长高宏峰、徐祖远担任顾问;国务院法制办工交司司长赵晓光、交通运输部安全总监刘功臣、交通运输部政法司司长何建中和交通运输部海事局常务副局长陈爱平担任主编;国务院法制办工交司副司长马森述、交通运输部政法司副司长朱伽林、交通运输部海事局副局长曹德胜、智广路担任副主编；国务院法制办工交司副巡视员郭启文、交通运输部政法司处长魏东、交通运输部海事局处长郑平、鄂海亮以及上海海事局处长陈伯卫担任执行主编。朱作鑫、刘少清、陆立明、徐石明、马琳、李积军、王盛明、魏伟坚、董乐义、张春昌、李盛泉、孔祥昆等同志参加了编写和审查工作。

在该书的审查过程中，得到了海事系统内外许多专家的大力支持；在该书出版过程中，得到了人民交通出版社的大力帮助，在此表示真诚的感谢。

由于时间仓促，水平有限，该书错误一定在所难免，敬请批评指正。如果对广大读者有所帮助，我们将备感欣慰。

《中华人民共和国防治船舶污染海洋环境管理条例释义》编写委员会